수능기출

수학 영역

확률과 통계

거인의 어깨가 필요할 때

만약 내가 멀리 보았다면, 그것은 거인들의 어깨 위에 서 있었기 때문입니다.
If I have seen farther, it is by standing on the shoulders of giants.

오래전부터 인용되어 온 이 경구는, 성취는 혼자서 이룬 것이 아니라
많은 앞선 노력을 바탕으로 한 결과물이라는 의미를 담고 있습니다.
과학적으로 큰 성취를 이룬 뉴턴(Newton, I.; 1642~1727)도
과학적 공로에 관해 언쟁을 벌이며 경쟁자에게 보낸 편지에
이 문장을 인용하여 자신보다 앞서 과학적 발견을 이룬 과학자들의
도움을 많이 받았음을 고백하였다고 합니다.

수학은 어렵고, 잘하기까지 오랜 시간이 걸립니다.
그렇기에 수학을 공부할 때도 거인의 어깨가 필요합니다.

<각 GAK>은 여러분이 오를 수 있는 거인의 어깨가 되어
여러분의 수학 공부 여정을 함께 하겠습니다.
<각 GAK>의 어깨 위에서 여러분이 원하는
수학적 성취를 이루길 진심으로 기원합니다.

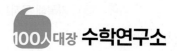

수능 **1등급 각** 나오는
교재 **활용법**

- 최신 수능 경향 문제로 필요충분하게 수능 완성!
- 외형 중심 유형 분류가 아닌 학습 효율을 높인 유형 구성!

③ ***A*** 기본 다지고

101 2024년 3월 교육청 23번	104 2022년 4월 교육청
$_4H_2$의 값은? [2점]	$_nH_2=_5C_2$일 때, 자연수
① 10 ② 12 ③ 14	① 2 ②
④ 16 ⑤ 18	④ 8 ⑤

102 2020년 4월 교육청 가형 22번	105 2014학년도 수능
$_4\Pi_2+_2H_4$의 값을 구하시오. [3점]	$(a+b+c)^4(x+y)^2$의 하시오. [4점]

103 2012학년도 수능 가형 22번	106 2013학년도 6월
자연수 r에 대하여 $_3H_r=_5C_2$일 때, $_4H_r$의 값을 구하시오. [3점]	방정식 $x+y+z+w$ 순서쌍 (x, y, z, w)

42 I. 경우의 수

1 기출 문제를 가로-세로 학습하면 생기는 일?

- 왼쪽에는 대표 기출 문제, 오른쪽에는 유사 기출 문제를 배치하여
  ❶ 가로로 익히고 ❷ 세로로 반복하는 학습!
- 가로로 배치된 유사 기출 문제를 함께 풀거나 시간차를 두고
  풀어 보면서 사고를 확장시켜 보자!

2 손도 대지 못하는 문제가 있다면?

(1단계) 개념 카드의 실전 개념을 보면서 ***A STEP*** 문제를 풀어 보자! ‥‥‥▶ ❸
(2단계) 해설에서 풀이는 보지 말고 해결 각 잡기 를 읽고 문제를 다시 풀어 보자! ‥‥‥▶ ❹
(3단계) 풀이의 아랫부분은 가리고 풀이를 한 줄씩 또는 STEP 별로 확인해 보자. ‥‥‥▶ ❺

3 ***B STEP*** 문제의 오답 정리까지 마쳤다면?

- 수능 완성을 위해 엄선된 고난도 기출 문제인 ***C STEP***으로 실력을 향상시켜 보자! ‥‥‥▶ ❻
- 틀리거나 어려웠던 문항에서 자신의 어떤 부분이 부족했는지 치열하게 고민해 보고
  기록해 두자!

실전 개념 1 중복조합 > 유형 01 ~ 12

(1) 중복조합: 중복을 허락하여 만든 조합을 중복조합이라 하고, 서로 다른 n개에서 중복을 허락하여 r개를 택하는 중복조합의 수를 기호로 $_n\mathrm{H}_r$와 같이 나타낸다.

서로 다른 $\overset{\mathrm{H}}{}$ 택하는
것의 개수 　 것의 개수

(2) 중복조합의 수: 서로 다른 n개에서 r개를 택하는 중복조합의 수는
$$_n\mathrm{H}_r = {}_{n+r-1}\mathrm{C}_r$$

실전 개념 2 중복조합을 이용하는 여러 가지 경우의 수 > 유형 01 ~ 06, 08 ~ 12

(1) 다항식의 항의 개수

B 유형 & 유사로 익히면…

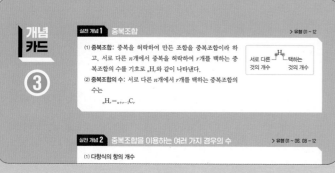

유형 01 중복순열 (1)

009 2023년 3월 교육청 26번
서로 다른 공 6개를 남김없이 세 주머니 A, B, C에 나누어 넣을 때, 주머니 A에 넣은 공의 개수가 3이 되도록 나누어 넣는 경우의 수는? (단, 공을 넣지 않는 주머니가 있을 수 있다.) [3점]
① 120 　② 130 　③ 140
④ 150 　⑤ 160

010 2017학년도 9월 평가원 가형 19번
서로 다른 과일 5개를 3개의 그릇 A, B, C에 남김없이 담으려고 할 때, 그릇 A에는 과일 2개만 담는 경우의 수는? (단, 과일을 하나도 담지 않은 그릇이 있을 수 있다.) [4점]
① 60 　② 65 　③ 70
④ 75 　⑤ 80

011 2023학년도 6월 ...
네 문자 a, b, X, Y ... 복을 허락하여 6개를 택해 일렬로 나열하려고 한다. 다 조건이 성립하도록 나열하는 경우의 수는? [3점]

(가) 양 끝 모두에 대문자 ... 온다.
(나) a는 한 번만 나온 ...

① 384 　② 408 　③ 432
④ 456 　⑤ 480

012 2022년 3월 교육청 28번
세 명의 학생 A, B, C에게 서로 다른 종류의 사탕 5개를 다음 규칙에 따라 남김없이 나누어 주는 경우의 수는? (단, 사탕을 받지 못하는 학생이 있을 수 있다.) [4점]

(가) 학생 A는 적어도 하나의 사탕을 받는다.
(나) 학생 B가 받는 사탕의 개수는 2 이하이다.

① 167 　② 170 　③ 173
④ 176 　⑤ 179

❻ C 수능 완성!

093 2021년 3월 교육청 30번
숫자 1, 2, 3, 4 중에서 중복을 허락하여 네 개를 선택한 후 일렬로 나열할 때, 다음 조건을 만족시키도록 나열하는 경우의 수를 구하시오. [4점]

(가) 숫자 1은 한 번 이상 나온다.
(나) 이웃한 두 수의 차는 모두 2 이하이다.

094 2023년 3월 교육청 28번
원 모양의 식탁에 같은 종류의 비어 있는 4개의 접시가 일정한 간격을 두고 원형으로 놓여 있다. 이 4개의 접시에 서로 다른 종류의 빵 5개와 같은 종류의 사탕 5개를 다음 조건을 만족시키도록 남김없이 나누어 담는 경우의 수는? (단, 회전하여 일치하는 것은 같은 것으로 본다.) [4점]

(가) 각 접시에는 1개 이상의 빵을 담는다.
(나) 각 접시에 담는 빵의 개수와 사탕의 개수의 합은 3 이하이다.

① 420 　② 450 　③ 480
④ 510 　⑤ 540

정답과 해설

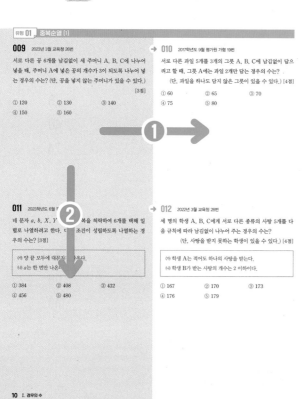

$6 \times 24 = 144$
답 ⑤

... 학생끼리 이웃하지 않도록 앉아야 하므로 이웃해도 되는 A ... 학생을 먼저 앉힌다.

... A 학교 학생 5명이 원 모양의 탁자에 모두 둘러앉는 경우의 ... $-1)! = 24$

... A 학교 학생 사이에 B 학교 학생 2명의 자리를 정하는 경우 ...

... 따라서 구하는 경우의 수는 ... $= 480$

... 이 일정한 간격으로 원 모양의 탁자에 둘러앉는 경우의 ...

075 답 ⑤

해결 각 잡기
● 1학년 학생끼리는 이웃하지 않으므로 1학년 학생과 2학년 학생은 교대로 앉아야 한다.
● A와 B가 이웃해야 하므로 A를 먼저 앉히고 B가 앉을 수 있는 경우의 수를 생각해 본다.

STEP 1 조건 (가)에 의하여 4명의 1학년 학생과 4명의 2학년 학생은 원 모양의 탁자에 교대로 둘러앉아야 한다.
4명의 1학년 학생이 앉는 경우의 수는 서로 다른 4개를 원형으로 배열하는 경우의 수와 같으므로
$(4-1)! = 6$
STEP 2 조건 (나)에서 A와 B는 이웃하므로 학생 B가 앉는 경우의 수

Contents
차례

Ⅰ **경우의 수**

01 여러 가지 순열   6

02 중복조합   40

03 이항정리   74

Ⅱ **확률**

04 확률의 뜻과 활용   88

05 조건부확률   116

06 독립시행의 확률   148

Ⅲ **통계**

07 이산확률분포   172

08 연속확률분포   192

09 통계적 추정   220

수능 1등급 각 나오는
학습 계획표 4주 28일

· 일차별로 학습 성취도를 체크해 보세요. 성취도가 △, ×이면 반드시 한 번 더 복습합니다.
· 복습할 문항 번호를 메모해 두고 2회독 할 때 중점적으로 점검합니다.

	학습일		문항 번호	성취도	복습 문항 번호
1주	1일차		001~030	○ △ ×	
	2일차		031~054	○ △ ×	
	3일차		055~080	○ △ ×	
	4일차		081~100	○ △ ×	
	5일차		101~126	○ △ ×	
	6일차		127~152	○ △ ×	
	7일차		153~176	○ △ ×	
2주	8일차		177~198	○ △ ×	
	9일차		199~220	○ △ ×	
	10일차		221~246	○ △ ×	
	11일차		247~270	○ △ ×	
	12일차		271~298	○ △ ×	
	13일차		299~324	○ △ ×	
	14일차		325~346	○ △ ×	
3주	15일차		347~372	○ △ ×	
	16일차		373~398	○ △ ×	
	17일차		399~422	○ △ ×	
	18일차		423~448	○ △ ×	
	19일차		449~476	○ △ ×	
	20일차		477~498	○ △ ×	
	21일차		499~524	○ △ ×	
4주	22일차		525~550	○ △ ×	
	23일차		551~574	○ △ ×	
	24일차		575~600	○ △ ×	
	25일차		601~624	○ △ ×	
	26일차		625~648	○ △ ×	
	27일차		649~670	○ △ ×	
	28일차		671~690	○ △ ×	

01

여러 가지 순열

개념 카드

실전 개념 1   중복순열   **> 유형 01 ~ 03, 11**

(1) **중복순열**: 중복을 허락하여 만든 순열을 중복순열이라 하고,
서로 다른 n개에서 중복을 허락하여 r개를 택하는 중복순열
의 수를 기호로 $_n\Pi_r$와 같이 나타낸다.

$$\underset{\text{서로 다른}}{} {_n}\overset{\Pi}{\underset{\text{것의 개수}}{}} \underset{\text{것의 개수}}{_r} \\ \text{서로 다른} \quad \text{택하는}$$

(2) **중복순열의 수**: 서로 다른 n개에서 r개를 택하는 중복순열의
수는

$$_n\Pi_r = n^r$$

실전 개념 2   같은 것이 있는 순열   **> 유형 04 ~ 07, 11**

n개 중에서 서로 같은 것이 각각 p개, q개, $\cdots$, r개씩 있을 때, n개를 일렬로 나열하는 경우
의 수는

$$\frac{n!}{p! \times q! \times \cdots \times r!} \quad \text{(단, } p+q+ \cdots +r=n\text{)}$$

실전 개념 3   최단 거리로 가는 경우의 수   **> 유형 08**

오른쪽 그림과 같은 도로망에서 오른쪽으로 한 칸 가는 것을
a, 위로 한 칸 가는 것을 b라 하면 A 지점에서 B 지점까지
최단 거리로 가는 경우의 수는 p개의 a와 q개의 b를 일렬로
나열하는 경우의 수와 같으므로

$$\frac{(p+q)!}{p! \times q!}$$

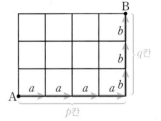

실전 개념 4   원순열   **> 유형 09, 10**

(1) **원순열**: 서로 다른 것을 원형으로 배열하는 순열을 원순열이라 한다. 이때 회전하여 일치
하는 경우는 모두 같은 것으로 본다.

(2) **원순열의 수**: 서로 다른 n개를 원형으로 배열하는 원순열의 수는

$$\frac{n!}{n} = (n-1)!$$

001 2021년 4월 교육청 23번

$_n\Pi_2 = 25$일 때, 자연수 n의 값은? [2점]

① 1　　　　② 2　　　　③ 3

④ 4　　　　⑤ 5

002 2016학년도 6월 평가원 B형 9번

서로 다른 종류의 연필 5자루를 4명의 학생 A, B, C, D에게 남김없이 나누어 주는 경우의 수는?

(단, 연필을 받지 못하는 학생이 있을 수 있다.) [3점]

① 1024　　　② 1034　　　③ 1044

④ 1054　　　⑤ 1064

003 2024학년도 6월 평가원 23번

5개의 문자 a, a, b, c, d를 모두 일렬로 나열하는 경우의 수는? [2점]

① 50　　　　② 55　　　　③ 60

④ 65　　　　⑤ 70

004 2024학년도 수능(홀) 23번

5개의 문자 x, x, y, y, z를 모두 일렬로 나열하는 경우의 수는? [2점]

① 10　　　　② 20　　　　③ 30

④ 40　　　　⑤ 50

005 2007년 4월 교육청 가형 28번

투명한 원기둥 모양의 관에 크기와 모양이 같은 구슬을 넣어 쌓아 올리는 장난감이 있다. 빨간 구슬이 4개, 파란 구슬이 2개, 노란 구슬이 1개 있을 때, 이 구슬 7개를 모두 사용하여 일렬로 쌓아 올릴 수 있는 모든 경우의 수는? [3점]

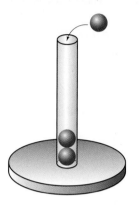

① 95   ② 105   ③ 115
④ 125   ⑤ 135

006 2024학년도 9월 평가원 24번

그림과 같이 직사각형 모양으로 연결된 도로망이 있다. 이 도로망을 따라 A 지점에서 출발하여 P 지점을 거쳐 B 지점까지 최단 거리로 가는 경우의 수는? [3점]

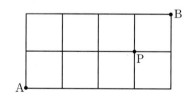

① 6   ② 7   ③ 8
④ 9   ⑤ 10

007 2023년 3월 교육청 24번

5명의 학생이 일정한 간격을 두고 원 모양의 탁자에 모두 둘러앉는 경우의 수는?

(단, 회전하여 일치하는 것은 같은 것으로 본다.) [3점]

① 16   ② 20   ③ 24
④ 28   ⑤ 32

008 2023년 4월 교육청 25번

세 학생 A, B, C를 포함한 7명의 학생이 있다. 이 7명의 학생 중에서 A, B, C를 포함하여 5명을 선택하고, 이 5명의 학생 모두를 일정한 간격으로 원 모양의 탁자에 둘러앉게 하는 경우의 수는? (단, 회전하여 일치하는 것은 같은 것으로 본다.)

[3점]

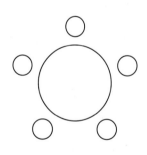

① 120   ② 132   ③ 144
④ 156   ⑤ 168

유형 01 중복순열 (1)

009 2023년 3월 교육청 26번

서로 다른 공 6개를 남김없이 세 주머니 A, B, C에 나누어 넣을 때, 주머니 A에 넣은 공의 개수가 3이 되도록 나누어 넣는 경우의 수는? (단, 공을 넣지 않는 주머니가 있을 수 있다.)

[3점]

① 120   ② 130   ③ 140
④ 150   ⑤ 160

010 2017학년도 9월 평가원 가형 19번

서로 다른 과일 5개를 3개의 그릇 A, B, C에 남김없이 담으려고 할 때, 그릇 A에는 과일 2개만 담는 경우의 수는?

(단, 과일을 하나도 담지 않은 그릇이 있을 수 있다.) [4점]

① 60   ② 65   ③ 70
④ 75   ⑤ 80

011 2023학년도 6월 평가원 27번

네 문자 a, b, X, Y 중에서 중복을 허락하여 6개를 택해 일렬로 나열하려고 한다. 다음 조건이 성립하도록 나열하는 경우의 수는? [3점]

> (가) 양 끝 모두에 대문자가 나온다.
> (나) a는 한 번만 나온다.

① 384   ② 408   ③ 432
④ 456   ⑤ 480

012 2022년 3월 교육청 28번

세 명의 학생 A, B, C에게 서로 다른 종류의 사탕 5개를 다음 규칙에 따라 남김없이 나누어 주는 경우의 수는?

(단, 사탕을 받지 못하는 학생이 있을 수 있다.) [4점]

> (가) 학생 A는 적어도 하나의 사탕을 받는다.
> (나) 학생 B가 받는 사탕의 개수는 2 이하이다.

① 167   ② 170   ③ 173
④ 176   ⑤ 179

유형 02 중복순열 (2): 집합의 개수

013 2023년 4월 교육청 24번

전체집합 $U=\{1, 2, 3, 4, 5, 6\}$의 두 부분집합 A, B에 대하여

$$n(A \cup B)=5, \ A \cap B=\varnothing$$

을 만족시키는 집합 A, B의 모든 순서쌍 (A, B)의 개수는?

[3점]

① 168   ② 174   ③ 180
④ 186   ⑤ 192

→ 014 2019년 3월 교육청 가형 16번

전체집합 $U=\{1, 2, 3, 4, 5\}$의 두 부분집합 A, B가

$$n(A \cap B)=1, \ n(A \cup B)=3$$

을 만족시킨다. 집합 A, B의 모든 순서쌍 (A, B)의 개수는?

[4점]

① 80   ② 90   ③ 100
④ 110   ⑤ 120

015 2020학년도 경찰대학 8번

전체집합 $U=\{1, 2, 3, 4, 5\}$의 두 부분집합 A, B에 대하여 $A-B=\{1\}$을 만족하는 모든 순서쌍 (A, B)의 개수는?

[4점]

① 81   ② 87   ③ 93
④ 99   ⑤ 105

→ 016 2018학년도 사관학교 나형 16번

전체집합 $U=\{x \,|\, x$는 7 이하의 자연수$\}$의 두 부분집합 $A=\{1, 2, 3\}$, $B=\{2, 3, 5, 7\}$에 대하여 $A \cap X \neq \varnothing$, $B \cap X \neq \varnothing$을 모두 만족시키는 U의 부분집합 X의 개수는?

[4점]

① 102   ② 104   ③ 106
④ 108   ⑤ 110

017 2018년 3월 교육청 가형 6번

숫자 0, 1, 2, 3, 4 중에서 중복을 허락하여 세 개를 선택해 일렬로 나열하여 만들 수 있는 세 자리 자연수의 개수는? [3점]

① 90   ② 95   ③ 100

④ 105   ⑤ 110

→ **018** 2023년 10월 교육청 25번

숫자 0, 1, 2 중에서 중복을 허락하여 4개를 택해 일렬로 나열하여 만들 수 있는 네 자리의 자연수 중 각 자리의 수의 합이 7 이하인 자연수의 개수는? [3점]

① 45   ② 47   ③ 49

④ 51   ⑤ 53

019 2024년 3월 교육청 24번

숫자 1, 2, 3 중에서 중복을 허락하여 4개를 택해 일렬로 나열하여 만들 수 있는 네 자리 자연수 중 홀수의 개수는? [3점]

① 30   ② 36   ③ 42

④ 48   ⑤ 54

→ **020** 2017학년도 수능(홀) 가형 5번

숫자 1, 2, 3, 4, 5 중에서 중복을 허락하여 네 개를 택해 일렬로 나열하여 만든 네 자리의 자연수가 5의 배수인 경우의 수는? [3점]

① 115   ② 120   ③ 125

④ 130   ⑤ 135

021 2023학년도 수능(홀) 24번

숫자 1, 2, 3, 4, 5 중에서 중복을 허락하여 4개를 택해 일렬로 나열하여 만들 수 있는 네 자리의 자연수 중 4000 이상인 홀수의 개수는? [3점]

① 125   ② 150   ③ 175

④ 200   ⑤ 225

→ **022** 2020년 3월 교육청 가형 7번

숫자 0, 1, 2, 3 중에서 중복을 허락하여 네 개를 선택한 후, 일렬로 나열하여 만든 네 자리 자연수가 2100보다 작은 경우의 수는? [3점]

① 80   ② 85   ③ 90

④ 95   ⑤ 100

023 2021년 4월 교육청 26번

숫자 1, 2, 3, 4, 5 중에서 중복을 허락하여 5개를 택해 일렬로 나열하여 만든 다섯 자리의 자연수 중에서 다음 조건을 만족시키는 N의 개수는? [3점]

> (가) N은 홀수이다.
> (나) $10000 < N < 30000$

① 720   ② 730   ③ 740

④ 750   ⑤ 760

→ **024** 2022년 4월 교육청 29번

숫자 0, 1, 2 중에서 중복을 허락하여 5개를 선택한 후 일렬로 나열하여 다섯 자리의 자연수를 만들려고 한다. 숫자 0과 1을 각각 1개 이상씩 선택하여 만들 수 있는 모든 자연수의 개수를 구하시오. [4점]

025 2022년 7월 교육청 26번

세 문자 a, b, c 중에서 모든 문자가 한 개 이상씩 포함되도록 중복을 허락하여 5개를 택해 일렬로 나열하는 경우의 수는? [3점]

① 135　　　　② 140　　　　③ 145
④ 150　　　　⑤ 155

→ **026** 2019학년도 6월 평가원 가형 27번

세 문자 a, b, c 중에서 중복을 허락하여 4개를 택해 일렬로 나열할 때, 문자 a가 두 번 이상 나오는 경우의 수를 구하시오. [4점]

027 2024년 7월 교육청 27번

세 문자 P, Q, R 중에서 중복을 허락하여 8개를 택해 일렬로 나열하려고 한다. 다음 조건이 성립하도록 나열하는 경우의 수는? [3점]

> 나열된 8개의 문자 중에서 세 문자 P, Q, R의 개수를 각각 p, q, r이라 할 때 $1 \le p < q < r$이다.

① 440　　　　② 448　　　　③ 456
④ 464　　　　⑤ 472

→ **028** 2018년 3월 교육청 가형 26번

세 문자 A, B, C에서 중복을 허락하여 각각 홀수 개씩 모두 7개를 선택하여 일렬로 나열하는 경우의 수를 구하시오.
(단, 모든 문자는 한 개 이상씩 선택한다.) [4점]

029 2008년 7월 교육청 가/나형 21번

주머니 A에 들어 있는 크기가 같은 흰 공 7개를 주머니 B로 모두 옮겨 담으려고 한다. 한 번에 한 개 또는 두 개씩 꺼내어 옮겨 담는 경우의 수를 구하시오. [4점]

→ **030** 2018학년도 수능(홀) 가형 18번

서로 다른 공 4개를 남김없이 서로 다른 상자 4개에 나누어 넣으려고 할 때, 넣은 공의 개수가 1인 상자가 있도록 넣는 경우의 수는? (단, 공을 하나도 넣지 않은 상자가 있을 수 있다.) [4점]

① 220　　　　② 216　　　　③ 212
④ 208　　　　⑤ 204

031 2020학년도 경찰대학 10번

네 정수 a, b, c, d에 대하여 $a^2+b^2+c^2+d^2=17$을 만족하는 a, b, c, d의 모든 순서쌍 (a, b, c, d)의 개수는? [4점]

① 124   ② 144   ③ 164

④ 184   ⑤ 204

→ **032** 2017년 3월 교육청 가형 26번

다음 조건을 만족시키는 네 자연수 a, b, c, d로 이루어진 모든 순서쌍 (a, b, c, d)의 개수를 구하시오. [4점]

> (가) $a+b+c+d=6$
> (나) $a \times b \times c \times d$는 4의 배수이다.

033 2022년 10월 교육청 26번

다음 조건을 만족시키는 자연수 a, b, c, d의 모든 순서쌍 (a, b, c, d)의 개수는? [3점]

> (가) $a \times b \times c \times d = 8$
> (나) $a+b+c+d < 10$

① 10   ② 12   ③ 14

④ 16   ⑤ 18

→ **034** 2024년 5월 교육청 27번

다음 조건을 만족시키는 10 이하의 자연수 a, b, c, d의 모든 순서쌍 (a, b, c, d)의 개수는? [3점]

> (가) $a \times b \times c \times d = 108$
> (나) a, b, c, d 중 서로 같은 수가 있다.

① 32   ② 36   ③ 40

④ 44   ⑤ 48

035 2023년 3월 교육청 25번

문자 A, A, A, B, B, B, C, C가 하나씩 적혀 있는 8장의 카드를 모두 일렬로 나열할 때, 양 끝 모두에 B가 적힌 카드가 놓이도록 나열하는 경우의 수는? (단, 같은 문자가 적혀 있는 카드끼리는 서로 구별하지 않는다.) [3점]

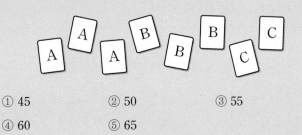

① 45   ② 50   ③ 55
④ 60   ⑤ 65

036 2020년 10월 교육청 가형 10번

A, B, B, C, C, C의 문자가 하나씩 적혀 있는 6장의 카드가 있다. 이 6장의 카드 중에서 5장의 카드를 택하여 이 5장의 카드를 왼쪽부터 모두 일렬로 나열할 때, C가 적힌 카드가 왼쪽에서 두 번째의 위치에 놓이도록 나열하는 경우의 수는? (단, 같은 문자가 적힌 카드끼리는 서로 구별하지 않는다.) [3점]

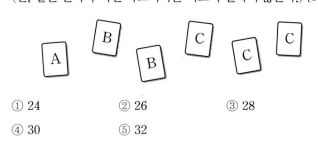

① 24   ② 26   ③ 28
④ 30   ⑤ 32

037 2008년 10월 교육청 가/나형 23번

갑, 을 두 사람이 어떤 게임을 해서 다음과 같은 규칙에 따라 사탕을 갖는다고 한다.

> (가) 이긴 사람은 3개, 진 사람은 1개의 사탕을 갖는다.
> (나) 비기면 두 사람이 각각 2개씩 사탕을 갖는다.

갑, 을 두 사람이 이 게임을 다섯 번 해서 20개의 사탕을 10개씩 나누어 갖게 되는 경우의 수를 구하시오.

(단, 사탕은 서로 구별되지 않는다.) [3점]

038 2022학년도 6월 평가원 28번

한 개의 주사위를 한 번 던져 나온 눈의 수가 3 이하이면 나온 눈의 수를 점수로 얻고, 나온 눈의 수가 4 이상이면 0점을 얻는다. 이 주사위를 네 번 던져 나온 눈의 수를 차례로 a, b, c, d라 할 때, 얻은 네 점수의 합이 4가 되는 모든 순서쌍 (a, b, c, d)의 개수는? [4점]

① 187   ② 190   ③ 193
④ 196   ⑤ 199

039 2024년 3월 교육청 27번

그림과 같이 문자 A, A, A, B, B, C, D가 각각 하나씩 적혀 있는 7장의 카드와 1부터 7까지의 자연수가 각각 하나씩 적혀 있는 7개의 빈 상자가 있다.

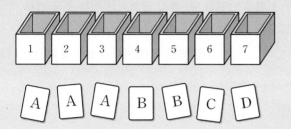

각 상자에 한 장의 카드만 들어가도록 7장의 카드를 나누어 넣을 때, 문자 A가 적혀 있는 카드가 들어간 3개의 상자에 적힌 수의 합이 홀수가 되도록 나누어 넣는 경우의 수는?
(단, 같은 문자가 적힌 카드끼리는 서로 구별하지 않는다.) [3점]

① 144   ② 168   ③ 192
④ 216   ⑤ 240

→ **040** 2017년 4월 교육청 가형 28번

그림과 같이 주머니에 숫자 1이 적힌 흰 공과 검은 공이 각각 2개, 숫자 2가 적힌 흰 공과 검은 공이 각각 2개가 들어 있고, 비어 있는 8개의 칸에 1부터 8까지의 자연수가 하나씩 적혀 있는 진열장이 있다.

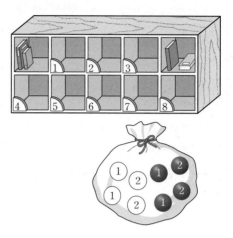

숫자가 적힌 8개의 칸에 주머니 안의 공을 한 칸에 한 개씩 모두 넣을 때, 숫자 4, 5, 6이 적힌 칸에 넣는 세 개의 공이 적힌 수의 합이 5이고 모두 같은 색이 되도록 하는 경우의 수를 구하시오. (단, 모든 공은 크기와 모양이 같다.) [4점]

041 2020년 3월 교육청 가형 11번

흰 공 2개, 빨간 공 2개, 검은 공 4개를 일렬로 나열할 때, 흰 공은 서로 이웃하지 않게 나열하는 경우의 수는?

(단, 같은 색의 공끼리는 서로 구별하지 않는다.) [3점]

① 295   ② 300   ③ 305

④ 310   ⑤ 315

→ **042** 2018학년도 사관학교 나형 9번

빨간 공 3개, 파란 공 2개, 노란 공 2개가 있다. 이 7개의 공을 모두 일렬로 나열할 때, 빨간 공끼리는 어느 것도 서로 이웃하지 않도록 나열하는 경우의 수는?

(단, 같은 색의 공은 서로 구별하지 않는다.) [3점]

① 45   ② 50   ③ 55

④ 60   ⑤ 65

043 2005학년도 6월 평가원 나형 30번

7개의 문자 a, a, b, b, c, d, e를 일렬로 나열할 때, a끼리 또는 b끼리 이웃하게 되는 모든 경우의 수를 구하시오. [4점]

→ **044** 2020년 4월 교육청 가형 7번

6개의 문자 a, a, b, b, c, c를 일렬로 나열할 때, a끼리는 이웃하지 않도록 나열하는 경우의 수는? [3점]

① 50   ② 55   ③ 60

④ 65   ⑤ 70

045 2022년 3월 교육청 24번

6개의 숫자 1, 1, 2, 2, 2, 3을 일렬로 나열하여 만들 수 있는 여섯 자리의 자연수 중 홀수의 개수는? [3점]

① 20   ② 30   ③ 40

④ 50   ⑤ 60

→ 046 2011학년도 6월 평가원 나형 30번

0을 한 개 이하 사용하여 만든 세 자리 자연수 중에서 각 자리의 수의 합이 3인 자연수는 111, 120, 210, 102, 201이다. 0을 한 개 이하 사용하여 만든 다섯 자리 자연수 중에서 각 자리의 수의 합이 5인 자연수의 개수를 구하시오. [4점]

047 2020학년도 수능(홀) 가형 28번 / 나형 19번

숫자 1, 2, 3, 4, 5, 6 중에서 중복을 허락하여 다섯 개를 다음 조건을 만족시키도록 선택한 후, 일렬로 나열하여 만들 수 있는 모든 다섯 자리의 자연수의 개수를 구하시오. [4점]

> (가) 각각의 홀수는 선택하지 않거나 한 번만 선택한다.
> (나) 각각의 짝수는 선택하지 않거나 두 번만 선택한다.

→ 048 2007년 7월 교육청 19번

그림과 같이 컴퓨터의 로그인 화면을 실행하기 위하여 1부터 9까지 자연수 중에서 서로 다른 두 개의 숫자를 선택한 후 이 두 수를 사용하여 네 자리 수의 암호(PW)를 만들 때, 네 자리 모두 같은 수의 배열은 제외하여 암호를 만들려고 한다. 이때, 만들 수 있는 모든 암호의 경우의 수를 구하시오. [3점]

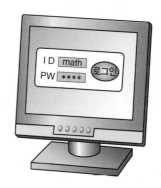

049 2023년 3월 교육청 29번

숫자 1, 2, 3 중에서 중복을 허락하여 다음 조건을 만족시키도록 여섯 개를 선택한 후, 선택한 숫자 여섯 개를 모두 일렬로 나열하는 경우의 수를 구하시오. [4점]

(가) 숫자 1, 2, 3을 각각 한 개 이상씩 선택한다.
(나) 선택한 여섯 개의 수의 합이 4의 배수이다.

→ 050 2021년 10월 교육청 29번

숫자 1, 2, 3 중에서 모든 숫자가 한 개 이상씩 포함되도록 중복을 허락하여 6개를 선택한 후, 일렬로 나열하여 만들 수 있는 여섯 자리의 자연수 중 일의 자리의 수와 백의 자리의 수가 같은 자연수의 개수를 구하시오. [4점]

051 2021년 3월 교육청 27번

숫자 1, 2, 3, 3, 4, 4, 4가 하나씩 적힌 7장의 카드를 모두 한 번씩 사용하여 일렬로 나열할 때, 1이 적힌 카드와 2가 적힌 카드 사이에 두 장 이상의 카드가 있도록 나열하는 경우의 수는? [3점]

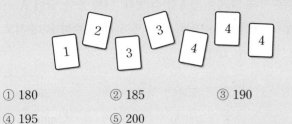

① 180 ② 185 ③ 190
④ 195 ⑤ 200

→ **052** 2023년 4월 교육청 28번

숫자 1, 1, 2, 2, 2, 3, 3, 4가 하나씩 적혀 있는 8장의 카드가 있다. 이 8장의 카드 중에서 7장을 택하여 이 7장의 카드 모두를 일렬로 나열할 때, 서로 이웃한 2장의 카드에 적혀 있는 수의 곱 모두가 짝수가 되도록 나열하는 경우의 수는?

(단, 같은 숫자가 적힌 카드끼리는 서로 구별하지 않는다.) [4점]

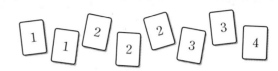

① 264 ② 268 ③ 272
④ 276 ⑤ 280

053 2014학년도 6월 평가원 5번

1부터 6까지의 자연수가 하나씩 적혀 있는 6장의 카드가 있다. 이 카드를 모두 한 번씩 사용하여 일렬로 나열할 때, 2가 적혀 있는 카드는 4가 적혀 있는 카드보다 왼쪽에 나열하고 홀수가 적혀 있는 카드는 작은 수부터 크기 순서로 왼쪽부터 나열하는 경우의 수는? [3점]

① 56   ② 60   ③ 64
④ 68   ⑤ 72

→ **054** 2010학년도 9월 평가원 나형 30번

다음 표와 같이 3개 과목에 각각 2개의 수준으로 구성된 6개의 과제가 있다. 각 과목의 과제는 수준 Ⅰ의 과제를 제출한 후에만 수준 Ⅱ의 과제를 제출할 수 있다. 예를 들어 '국어 A → 수학 A → 국어 B → 영어 A → 영어 B → 수학 B' 순서로 과제를 제출할 수 있다.

수준＼과목	국어	수학	영어
Ⅰ	국어 A	수학 A	영어 A
Ⅱ	국어 B	수학 B	영어 B

6개의 과제를 모두 제출할 때, 제출 순서를 정하는 경우의 수를 구하시오. [4점]

055 2010학년도 수능(홀) 가/나형 6번

어느 회사원이 처리해야 할 업무는 A, B를 포함하여 모두 6가지이다. 이 중에서 A, B를 포함한 4가지 업무를 오늘 처리하려고 하는데, A를 B보다 먼저 처리해야 한다. 오늘 처리할 업무를 택하고, 택한 업무의 처리 순서를 정하는 경우의 수는? [3점]

① 60   ② 66   ③ 72
④ 78   ⑤ 84

→ **056** 2021년 7월 교육청 27번

3개의 문자 A, B, C를 포함한 서로 다른 6개의 문자를 모두 한 번씩 사용하여 일렬로 나열할 때, 두 문자 B와 C 사이에 문자 A를 포함하여 1개 이상의 문자가 있도록 나열하는 경우의 수는? [3점]

① 180   ② 200   ③ 220
④ 240   ⑤ 260

> 정답과 해설 14쪽

057 2022년 4월 교육청 27번

그림과 같이 A, B, B, C, D, D의 문자가 각각 하나씩 적힌 6개의 공과 1, 2, 3, 4, 5, 6의 숫자가 각각 하나씩 적힌 6개의 빈 상자가 있다.

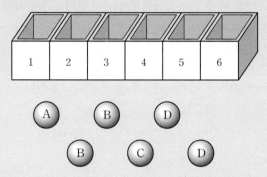

각 상자에 한 개의 공만 들어가도록 6개의 공을 나누어 넣을 때, 다음 조건을 만족시키는 경우의 수는?
(단, 같은 문자가 적힌 공끼리는 서로 구별하지 않는다.) [3점]

㉮ 숫자 1이 적힌 상자에 넣는 공은 문자 A 또는 문자 B가 적힌 공이다.
㉯ 문자 B가 적힌 공을 넣는 상자에 적힌 수 중 적어도 하나는 문자 C가 적힌 공을 넣는 상자에 적힌 수보다 작다.

① 80 ② 85 ③ 90
④ 95 ⑤ 100

→ 058 2014년 7월 교육청 B형 27번

그림과 같이 크기가 서로 다른 3개의 펭귄 인형과 4개의 곰 인형이 두 상자 A, B에 왼쪽부터 크기가 작은 것에서 큰 것 순으로 담겨져 있다.

상자 A   상자 B

다음 조건을 만족시키도록 상자 A, B의 모든 인형을 일렬로 진열하는 경우의 수를 구하시오. [4점]

㉮ 같은 상자에 담겨있는 인형은 왼쪽부터 크기가 작은 것에서 큰 것 순으로 진열한다.
㉯ 상자 A의 왼쪽에서 두 번째 펭귄 인형은 상자 B의 왼쪽에서 두 번째 곰 인형보다 왼쪽에 진열한다.

059 2006년 4월 교육청 가형 30번

그림과 같은 도로망이 있다. A 지점에서 B 지점까지 최단 거리로 이동하는 모든 경우의 수를 구하시오. [4점]

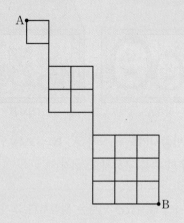

060 2013학년도 9월 평가원 가형 5번

그림과 같이 마름모 모양으로 연결된 도로망이 있다.
이 도로망을 따라 A지점에서 출발하여 B지점까지 최단 거리로 가는 경우의 수는? [3점]

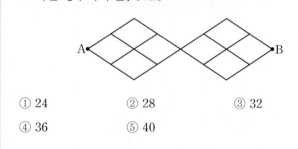

① 24   ② 28   ③ 32
④ 36   ⑤ 40

061 2018학년도 6월 평가원 나형 7번

그림과 같이 직사각형 모양으로 연결된 도로망이 있다. 이 도로망을 따라 A 지점에서 출발하여 P 지점을 지나 B 지점까지 최단 거리로 가는 경우의 수는? [3점]

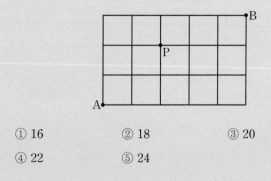

① 16   ② 18   ③ 20
④ 22   ⑤ 24

062 2022년 3월 교육청 26번

그림과 같이 직사각형 모양으로 연결된 도로망이 있다. 이 도로망을 따라 A 지점에서 출발하여 P 지점을 지나 B 지점까지 최단 거리로 가는 경우의 수는?

(단, 한 번 지난 도로를 다시 지날 수 있다.) [3점]

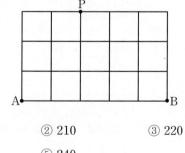

① 200   ② 210   ③ 220
④ 230   ⑤ 240

❯ 정답과 해설 16쪽

063 2024년 3월 교육청 26번

그림과 같이 직사각형 모양으로 연결된 도로망이 있다. 이 도로망을 따라 A 지점에서 출발하여 B 지점까지 최단 거리로 갈 때, P 지점을 지나면서 Q 지점을 지나지 않는 경우의 수는? [3점]

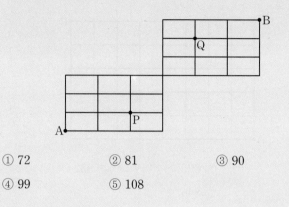

① 72 ② 81 ③ 90
④ 99 ⑤ 108

064 2021년 4월 교육청 28번

그림과 같이 직사각형 모양으로 연결된 도로망이 있다. 이 도로망을 따라 A 지점에서 출발하여 P 지점을 지나 B 지점으로 갈 때, 한 번 지난 도로는 다시 지나지 않으면서 최단 거리로 가는 경우의 수는? [4점]

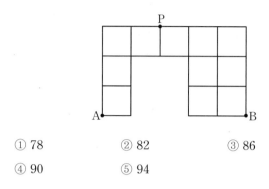

① 78 ② 82 ③ 86
④ 90 ⑤ 94

065 2006년 3월 교육청 가형 25번

그림과 같은 직선 도로망이 있다. 5개의 지점 P, Q, R, S, T 중 어느 한 지점도 지나지 않고 A 지점에서 B 지점까지 최단 거리로 갈 수 있는 모든 경로의 수를 구하시오. [4점]

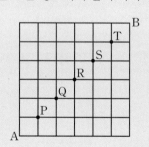

066 2013학년도 수능(홀) 가형 5번

그림과 같이 마름모 모양으로 연결된 도로망이 있다. 이 도로망을 따라 A 지점에서 출발하여 C 지점을 지나지 않고, D 지점도 지나지 않으면서 B 지점까지 최단 거리로 가는 경우의 수는? [3점]

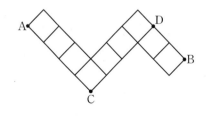

① 26 ② 24 ③ 22
④ 20 ⑤ 18

그림과 같이 바둑판 모양의 도로망이 있다. 교차로 P와 교차로 Q를 지날 때에는 직진 또는 우회전은 할 수 있으나 좌회전은 할 수 없다고 한다. 이때, A 지점에서 B 지점까지 최단 거리로 가는 방법의 수를 구하시오. [4점]

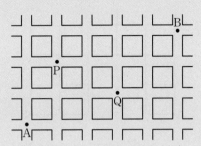

아래 그림은 어느 도시의 도로를 선으로 나타낸 것이다. 교차로 P에서는 좌회전을 할 수 없고, 교차로 Q는 공사 중이어서 지나갈 수 없다고 한다. A를 출발하여 B에 도달하는 최단 거리로 가는 경우의 수는? [4점]

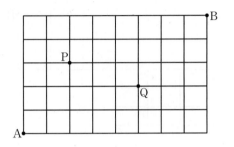

① 818   ② 825   ③ 832

④ 839   ⑤ 846

유형 09 원순열 [1]: 원탁에 둘러앉는 경우의 수

069 2024년 3월 교육청 25번

남학생 5명, 여학생 2명이 있다. 이 7명의 학생이 일정한 간격을 두고 원 모양의 탁자에 모두 둘러앉을 때, 여학생끼리 이웃하여 앉는 경우의 수는?

(단, 회전하여 일치하는 것은 같은 것으로 본다.) [3점]

① 200　　　　② 240　　　　③ 280

④ 320　　　　⑤ 360

→ 070 2021학년도 9월 평가원 가형 9번 / 나형 14번

다섯 명이 둘러앉을 수 있는 원 모양의 탁자와 두 학생 A, B를 포함한 8명의 학생이 있다. 이 8명의 학생 중에서 A, B를 포함하여 5명을 선택하고 이 5명의 학생 모두를 일정한 간격으로 탁자에 둘러앉게 할 때, A와 B가 이웃하게 되는 경우의 수는? (단, 회전하여 일치하는 것은 같은 것으로 본다.) [3점]

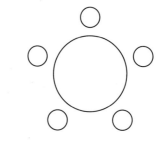

① 180　　　　② 200　　　　③ 220

④ 240　　　　⑤ 260

071 2021년 6월 평가원 가형 8번 / 나형 12번

1학년 학생 2명, 2학년 학생 2명, 3학년 학생 3명이 있다. 이 7명의 학생이 일정한 간격을 두고 원 모양의 탁자에 모두 둘러앉을 때, 1학년 학생끼리 이웃하고 2학년 학생끼리 이웃하게 되는 경우의 수는?

(단, 회전하여 일치하는 것은 같은 것으로 본다.) [3점]

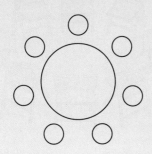

① 96　　　　② 100　　　　③ 104

④ 108　　　　⑤ 112

→ 072 2021년 3월 교육청 25번

어느 고등학교 3학년의 네 학급에서 대표 2명씩 모두 8명의 학생이 참석하는 회의를 한다. 이 8명의 학생이 일정한 간격을 두고 원 모양의 탁자에 모두 둘러앉을 때, 같은 학급 학생끼리 서로 이웃하게 되는 경우의 수는?

(단, 회전하여 일치하는 것은 같은 것으로 본다.) [3점]

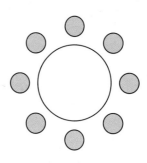

① 92　　　　② 96　　　　③ 100

④ 104　　　　⑤ 108

073 2022년 3월 교육청 25번

A 학교 학생 5명, B 학교 학생 2명이 일정한 간격을 두고 원 모양의 탁자에 모두 둘러앉을 때, B 학교 학생끼리는 이웃하지 않도록 앉는 경우의 수는?

(단, 회전하여 일치하는 것은 같은 것으로 본다.) [3점]

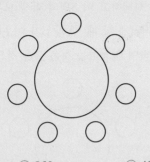

① 320   ② 360   ③ 400
④ 440   ⑤ 480

074 2021학년도 사관학교 가형 6번 / 나형 8번

그림과 같이 원형 탁자에 7개의 의자가 일정한 간격으로 놓여 있다. A, B, C를 포함한 7명의 학생이 모두 이 7개의 의자에 앉으려고 할 때, A, B, C 세 명 중 어느 두 명도 서로 이웃하지 않도록 앉는 경우의 수는?

(단, 회전하여 일치하는 것은 같은 것으로 본다.) [3점]

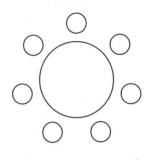

① 108   ② 120   ③ 132
④ 144   ⑤ 156

075 2022년 4월 교육청 26번

학생 A를 포함한 4명의 1학년 학생과 학생 B를 포함한 4명의 2학년 학생이 있다. 이 8명의 학생이 일정한 간격을 두고 원 모양의 탁자에 다음 조건을 만족시키도록 모두 둘러앉는 경우의 수는? (단, 회전하여 일치하는 것은 같은 것으로 본다.) [3점]

> (가) 1학년 학생끼리는 이웃하지 않는다.
> (나) A와 B는 이웃한다.

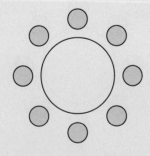

① 48   ② 54   ③ 60
④ 66   ⑤ 72

076 2023년 10월 교육청 27번

1부터 8까지의 자연수가 하나씩 적혀 있는 8개의 의자가 있다. 이 8개의 의자를 일정한 간격을 두고 원형으로 배열할 때, 서로 이웃한 2개의 의자에 적혀 있는 두 수가 서로소가 되도록 배열하는 경우의 수는?

(단, 회전하여 일치하는 것은 같은 것으로 본다.) [3점]

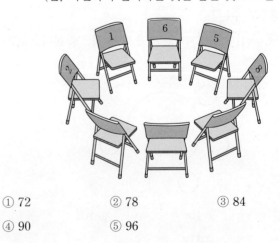

① 72   ② 78   ③ 84
④ 90   ⑤ 96

❯ 정답과 해설 19쪽

077 2017년 3월 교육청 가형 15번

여학생 3명과 남학생 6명이 원탁에 같은 간격으로 둘러앉으려고 한다. 각각의 여학생 사이에는 1명 이상의 남학생이 앉고 각각의 여학생 사이에 앉은 남학생의 수는 모두 다르다. 9명의 학생이 모두 앉는 경우의 수가 $n \times 6!$일 때, 자연수 n의 값은? (단, 회전하여 일치하는 것들은 같은 것으로 본다.) [4점]

① 10   ② 12   ③ 14
④ 16   ⑤ 18

→ **078** 2013년 7월 교육청 B형 27번

남학생 4명, 여학생 2명이 그림과 같이 9개의 자리가 있는 원탁에 다음 두 조건에 따라 앉으려고 할 때, 앉을 수 있는 모든 경우의 수를 구하시오.

(단, 회전하여 일치하는 것은 같은 것으로 본다.) [4점]

㈎ 남학생, 여학생 모두 같은 성별끼리 2명씩 조를 만든다.
㈏ 서로 다른 두 개의 조 사이에 반드시 한 자리를 비워 둔다.

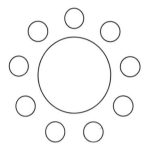

079 2021학년도 수능(홀) 가형 26번 / 나형 15번

세 학생 A, B, C를 포함한 6명의 학생이 있다. 이 6명의 학생이 일정한 간격을 두고 원 모양의 탁자에 다음 조건을 만족시키도록 모두 둘러앉는 경우의 수를 구하시오.

(단, 회전하여 일치하는 것은 같은 것으로 본다.) [4점]

(가) A와 B는 이웃한다.

(나) B와 C는 이웃하지 않는다.

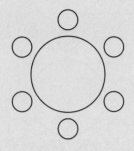

→ **080** 2021년 4월 교육청 29번

두 남학생 A, B를 포함한 4명의 남학생과 여학생 C를 포함한 4명의 여학생이 있다. 이 8명의 학생이 일정한 간격을 두고 원 모양의 탁자에 다음 조건을 만족시키도록 모두 둘러앉는 경우의 수를 구하시오.

(단, 회전하여 일치하는 것은 같은 것으로 본다.) [4점]

(가) A와 B는 이웃한다.

(나) C는 여학생과 이웃하지 않는다.

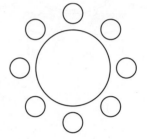

081 2022학년도 6월 평가원 29번

1부터 6까지의 자연수가 하나씩 적혀 있는 6개의 의자가 있다. 이 6개의 의자를 일정한 간격을 두고 원형으로 배열할 때, 서로 이웃한 2개의 의자에 적혀 있는 수의 곱이 12가 되지 않도록 배열하는 경우의 수를 구하시오.

(단, 회전하여 일치하는 것은 같은 것으로 본다.) [4점]

➜ **082** 2023학년도 사관학교 26번

세 학생 A, B, C를 포함한 6명의 학생이 있다. 이 6명의 학생이 일정한 간격을 두고 원 모양의 탁자에 모두 둘러앉을 때, A와 C는 이웃하지 않고, B와 C도 이웃하지 않도록 앉는 경우의 수는?

(단, 회전하여 일치하는 것은 같은 것으로 본다.) [3점]

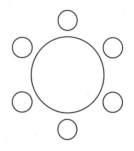

① 24   ② 30   ③ 36

④ 42   ⑤ 48

083 2014학년도 수능 예시문항 B형 6번

빨간색과 파란색을 포함한 서로 다른 6가지의 색을 모두 사용하여, 날개가 6개인 바람개비의 각 날개에 색칠하려고 한다. 빨간색과 파란색을 서로 맞은편의 날개에 칠하는 경우의 수는? (단, 각 날개에는 한 가지 색만 칠하고, 회전하여 일치하는 것은 같은 것으로 본다.) [3점]

① 12　　　　② 18　　　　③ 24
④ 30　　　　⑤ 36

084 2020년 3월 교육청 나형 24번

그림과 같이 반지름의 길이가 같은 7개의 원이 있다.

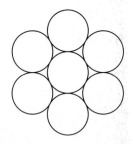

7개의 원에 서로 다른 7개의 색을 모두 사용하여 색칠하는 경우의 수를 구하시오. (단, 한 원에는 한 가지 색만 칠하고, 회전하여 일치하는 것은 같은 것으로 본다.) [3점]

085 2012학년도 6월 평가원 가형 15번

그림과 같이 서로 접하고 크기가 같은 원 3개와 이 세 원의 중심을 꼭짓점으로 하는 정삼각형이 있다. 원의 내부 또는 정삼각형의 내부에 만들어지는 7개의 영역에 서로 다른 7가지 색을 모두 사용하여 칠하려고 한다. 한 영역에 한 가지 색만을 칠할 때, 색칠한 결과로 나올 수 있는 경우의 수는?

(단, 회전하여 일치하는 것은 같은 것으로 본다.) [4점]

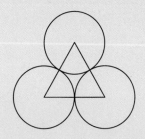

① 1260　　　② 1680　　　③ 2520
④ 3760　　　⑤ 5040

086 2020년 3월 교육청 가형 27번

그림과 같이 합동인 9개의 정사각형으로 이루어진 색칠판이 있다.

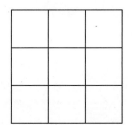

빨간색과 파란색을 포함하여 총 9가지의 서로 다른 색으로 이 색칠판을 다음 조건을 만족시키도록 칠하려고 한다.

> ㈎ 주어진 9가지의 색을 모두 사용하여 칠한다.
> ㈏ 한 정사각형에는 한 가지 색만을 칠한다.
> ㈐ 빨간색과 파란색이 칠해진 두 정사각형은 꼭짓점을 공유하지 않는다.

색칠판을 칠하는 경우의 수는 $k \times 7!$이다. k의 값을 구하시오.
(단, 회전하여 일치하는 것은 같은 것으로 본다.) [4점]

유형 11 함수의 개수

087 2022학년도 9월 평가원 28번

집합 $X=\{1, 2, 3, 4, 5, 6\}$에 대하여 다음 조건을 만족시키는 함수 $f : X \longrightarrow X$의 개수는? [4점]

> (가) $f(3)+f(4)$는 5의 배수이다.
> (나) $f(1)<f(3)$이고 $f(2)<f(3)$이다.
> (다) $f(4)<f(5)$이고 $f(4)<f(6)$이다.

① 384   ② 394   ③ 404

④ 414   ⑤ 424

→ 088 2024학년도 6월 평가원 28번

집합 $X=\{1, 2, 3, 4, 5\}$에 대하여 다음 조건을 만족시키는 함수 $f : X \longrightarrow X$의 개수는? [4점]

> (가) $f(1) \times f(3) \times f(5)$는 홀수이다.
> (나) $f(2)<f(4)$
> (다) 함수 f의 치역의 원소의 개수는 3이다.

① 128   ② 132   ③ 136

④ 140   ⑤ 144

089 2022년 4월 교육청 25번

두 집합 $X = \{1, 2, 3, 4, 5\}$, $Y = \{1, 2, 3\}$에 대하여 다음 조건을 만족시키는 함수 $f : X \longrightarrow Y$의 개수는? [3점]

집합 X의 모든 원소 x에 대하여 $x \times f(x) \leq 10$이다.

---

① 102   ② 105   ③ 108

④ 111   ⑤ 114

→ **090** 2022학년도 수능(홀) 28번

두 집합 $X = \{1, 2, 3, 4, 5\}$, $Y = \{1, 2, 3, 4\}$에 대하여 다음 조건을 만족시키는 X에서 Y로의 함수 f의 개수는? [4점]

(가) 집합 X의 모든 원소 x에 대하여 $f(x) \geq \sqrt{x}$이다.

(나) 함수 f의 치역의 원소의 개수는 3이다.

---

① 128   ② 138   ③ 148

④ 158   ⑤ 168

091 2024년 5월 교육청 26번

두 집합 $X=\{1,\,2,\,3,\,4,\,5\}$, $Y=\{1,\,2,\,3,\,4\}$에 대하여 다음 조건을 만족시키는 함수 $f:X\longrightarrow Y$의 개수는? [3점]

(가) $f(1)+f(2)=4$
(나) 1은 함수 f의 치역의 원소이다.

① 145   ② 150   ③ 155
④ 160   ⑤ 165

→ **092** 2022년 4월 교육청 30번

집합 $X=\{1,\,2,\,3,\,4,\,5\}$에 대하여 다음 조건을 만족시키는 함수 $f:X\longrightarrow X$의 개수를 구하시오. [4점]

(가) $f(1)+f(2)+f(3)+f(4)+f(5)$는 짝수이다.
(나) 함수 f의 치역의 원소의 개수는 3이다.

093 2021년 3월 교육청 30번

숫자 1, 2, 3, 4 중에서 중복을 허락하여 네 개를 선택한 후 일렬로 나열할 때, 다음 조건을 만족시키도록 나열하는 경우의 수를 구하시오. [4점]

(가) 숫자 1은 한 번 이상 나온다.

(나) 이웃한 두 수의 차는 모두 2 이하이다.

---

094 2023년 3월 교육청 28번

원 모양의 식탁에 같은 종류의 비어 있는 4개의 접시가 일정한 간격을 두고 원형으로 놓여 있다. 이 4개의 접시에 서로 다른 종류의 빵 5개와 같은 종류의 사탕 5개를 다음 조건을 만족시키도록 남김없이 나누어 담는 경우의 수는?

(단, 회전하여 일치하는 것은 같은 것으로 본다.) [4점]

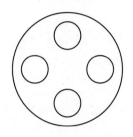

(가) 각 접시에는 1개 이상의 빵을 담는다.

(나) 각 접시에 담는 빵의 개수와 사탕의 개수의 합은 3 이하이다.

---

① 420   ② 450   ③ 480

④ 510   ⑤ 540

095 2023학년도 9월 평가원 30번

집합 $X = \{1, 2, 3, 4, 5\}$와 함수 $f : X \longrightarrow X$에 대하여 함수 f의 치역을 A, 합성함수 $f \circ f$의 치역을 B라 할 때, 다음 조건을 만족시키는 함수 f의 개수를 구하시오. [4점]

㉮ $n(A) \leq 3$

㉯ $n(A) = n(B)$

㉰ 집합 X의 모든 원소 x에 대하여 $f(x) \neq x$이다.

096 2018년 4월 교육청 가형 29번

집합 $X = \{1, 2, 3, 4\}$에서 집합 $Y = \{1, 2, 3, 4, 5\}$로의 함수 중에서
$$f(1) + f(2) + f(3) - f(4) = 3m \ (m \text{은 정수})$$
를 만족시키는 함수 f의 개수를 구하시오. [4점]

세 문자 a, b, c 중에서 중복을 허락하여 각각 5개 이하씩 모두 7개를 택해 다음 조건을 만족시키는 7자리의 문자열을 만들려고 한다.

> (가) 한 문자가 연달아 3개 이어지고 그 문자는 a뿐이다.
> (나) 어느 한 문자도 연달아 4개 이상 이어지지 않는다.

예를 들어, $baaacca$, $ccbbaaa$는 조건을 만족시키는 문자열이고 $aabbcca$, $aaabccc$, $ccbaaaa$는 조건을 만족시키지 않는 문자열이다. 만들 수 있는 모든 문자열의 개수를 구하시오.

[4점]

다음 조건을 만족시키는 자연수 a, b, c의 모든 순서쌍 (a, b, c)의 개수는? [4점]

> (가) $ab^2c = 720$
> (나) a와 c는 서로소가 아니다.

① 38   ② 42   ③ 46

④ 50   ⑤ 54

099 2024년 5월 교육청 30번

그림과 같이 원판에 반지름의 길이가 1인 원이 그려져 있고, 원의 둘레를 6등분하는 6개의 점과 원의 중심이 표시되어 있다. 이 7개의 점에 1부터 7까지의 숫자가 하나씩 적힌 깃발 7개를 각각 한 개씩 놓으려고 할 때, 다음 조건을 만족시키는 경우의 수를 구하시오.

(단, 회전하여 일치하는 것은 같은 것으로 본다.) [4점]

> 깃발이 놓여 있는 7개의 점 중 3개의 점을 꼭짓점으로 하는 삼각형이 한 변의 길이가 1인 정삼각형일 때,
> 세 꼭짓점에 놓여 있는 깃발에 적힌 세 수의 합은 12 이하이다.

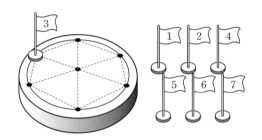

100 2022년 3월 교육청 30번

흰색 원판 4개와 검은색 원판 4개에 각각 A, B, C, D의 문자가 하나씩 적혀 있다. 이 8개의 원판 중에서 4개를 택하여 다음 규칙에 따라 원기둥 모양으로 쌓는 경우의 수를 구하시오. (단, 원판의 크기는 모두 같고, 원판의 두 밑면은 서로 구별하지 않는다.) [4점]

> ㈎ 선택된 4개의 원판 중 같은 문자가 적힌 원판이 있으면 같은 문자가 적힌 원판끼리는 검은색 원판이 흰색 원판보다 아래쪽에 놓이도록 쌓는다.
> ㈏ 선택된 4개의 원판 중 같은 문자가 적힌 원판이 없으면 D가 적힌 원판이 맨 아래에 놓이도록 쌓는다.

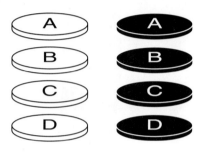

02

중복조합

실전 개념 1 중복조합
> 유형 01 ~ 12

(1) **중복조합**: 중복을 허락하여 만든 조합을 중복조합이라 하고, 서로 다른 n개에서 중복을 허락하여 r개를 택하는 중복조합의 수를 기호로 $_n\mathrm{H}_r$와 같이 나타낸다.

$$\text{서로 다른} \underset{\text{것의 개수}}{\underbrace{}} {}_n\mathrm{H}_r \underset{\text{것의 개수}}{\underbrace{}} \text{택하는}$$

(2) **중복조합의 수**: 서로 다른 n개에서 r개를 택하는 중복조합의 수는

$$_n\mathrm{H}_r = {}_{n+r-1}\mathrm{C}_r$$

실전 개념 2 중복조합을 이용하는 여러 가지 경우의 수
> 유형 01 ~ 06, 08 ~ 12

(1) **다항식의 항의 개수**

$(a+b+c)^n$을 전개할 때 생기는 서로 다른 항의 개수는

$$_3\mathrm{H}_n$$

(2) **방정식의 해의 개수**

방정식 $x_1+x_2+x_3+\cdots+x_n=r$ (n, r는 자연수)에서

① 음이 아닌 정수해의 개수는 $_n\mathrm{H}_r$

② 자연수해의 개수는 $_n\mathrm{H}_{r-n}$ (단, $n \le r$)

(3) **함수의 개수**

두 집합 X, Y의 원소의 개수가 각각 m, n일 때, 함수 $f : X \longrightarrow Y$ 중에서 임의의 x_1, x_2에 대하여

① $x_1 < x_2$이면 $f(x_1) < f(x_2)$를 만족시키는 함수 f의 개수는 $_n\mathrm{C}_m$ (단, $m \le n$)

② $x_1 > x_2$이면 $f(x_1) \le f(x_2)$를 만족시키는 함수 f의 개수는 $_n\mathrm{H}_m$

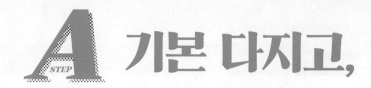

101 2024년 3월 교육청 23번

$_3H_3$의 값은? [2점]

① 10 　　　　② 12 　　　　③ 14

④ 16 　　　　⑤ 18

104 2022년 4월 교육청 23번

$_nH_2 = {}_9C_2$일 때, 자연수 n의 값은? [2점]

① 2 　　　　② 4 　　　　③ 6

④ 8 　　　　⑤ 10

102 2020년 4월 교육청 가형 22번

$_6\Pi_2 + {}_2H_6$의 값을 구하시오. [3점]

105 2014학년도 수능 예시문항 A형 27번

$(a+b+c)^4(x+y)^3$의 전개식에서 서로 다른 항의 개수를 구하시오. [4점]

103 2012학년도 수능 가형 22번

자연수 r에 대하여 $_3H_r = {}_7C_2$일 때, $_5H_r$의 값을 구하시오. [3점]

106 2013학년도 6월 평가원 가형 25번

방정식 $x+y+z+w=4$를 만족시키는 음이 아닌 정수해의 순서쌍 (x, y, z, w)의 개수를 구하시오. [3점]

107 2020년 4월 교육청 나형 12번

방정식 $x+y+z+w=11$을 만족시키는 자연수 x, y, z, w의 모든 순서쌍 (x, y, z, w)의 개수는? [3점]

① 80 ② 90 ③ 100
④ 110 ⑤ 120

108 2017학년도 9월 평가원 가형 15번 / 나형 19번

각 자리의 수가 0이 아닌 네 자리의 자연수 중 각 자리의 수의 합이 7인 모든 자연수의 개수는? [4점]

① 11 ② 14 ③ 17
④ 20 ⑤ 23

109 2011학년도 6월 평가원 가형 30번

어느 상담 교사는 월요일, 화요일, 수요일 3일 동안 학생 9명과 상담하기 위하여 상담 계획표를 작성하려고 한다.

[상담 계획표]

요일	월요일	화요일	수요일
학생 수(명)	a	b	c

상담 교사는 각 학생과 한 번만 상담하고, 요일별로 적어도 한 명의 학생과 상담한다. 상담 계획표에 학생 수만을 기록할 때, 작성할 수 있는 상담 계획표의 가짓수를 구하시오.

(단, a, b, c는 자연수이다.) [4점]

110 2024년 5월 교육청 25번

$4 \le x \le y \le z \le w \le 12$를 만족시키는 짝수 x, y, z, w의 모든 순서쌍 (x, y, z, w)의 개수는? [3점]

① 70 ② 74 ③ 78
④ 82 ⑤ 86

111 2011년 10월 교육청 나형 27번

축구공, 농구공, 배구공 중에서 4개의 공을 선택하는 방법의 수를 구하시오. (단, 각 종류의 공은 4개 이상씩 있고, 같은 종류의 공은 서로 구별하지 않는다.) [3점]

112 2015년 10월 교육청 A형 24번

서로 구별되지 않는 공 10개를 A, B, C 3명에게 남김없이 나누어 주려고 한다. A가 공을 3개만 받도록 나누어 주는 경우의 수를 구하시오.

(단, 1개의 공도 받지 못하는 사람이 있을 수 있다.) [3점]

113 2018년 4월 교육청 가형 26번

숫자 1, 2, 3, 4, 5에서 중복을 허락하여 7개를 선택할 때, 짝수가 두 개가 되는 경우의 수를 구하시오. [4점]

114 2014학년도 수능(홀) B형 9번

숫자 1, 2, 3, 4에서 중복을 허락하여 5개를 택할 때, 숫자 4가 한 개 이하가 되는 경우의 수는? [3점]

① 45   ② 42   ③ 39
④ 36   ⑤ 33

115 2013학년도 수능(홀) 나형 12번

같은 종류의 주스 4병, 같은 종류의 생수 2병, 우유 1병을 3명에게 남김없이 나누어 주는 경우의 수는?

(단, 1병도 받지 못하는 사람이 있을 수 있다.) [3점]

① 330   ② 315   ③ 300
④ 285   ⑤ 270

116 2021년 4월 교육청 25번

빨간색 볼펜 5자루와 파란색 볼펜 2자루를 4명의 학생에게 남김없이 나누어 주는 경우의 수는? (단, 같은 색 볼펜끼리는 서로 구별하지 않고, 볼펜을 1자루도 받지 못하는 학생이 있을 수 있다.) [3점]

① 560   ② 570   ③ 580
④ 590   ⑤ 600

117 2007년 10월 교육청 가형 30번

1부터 10까지의 숫자가 각각 하나씩 적힌 10개의 상자가 있다. 똑같은 구슬 3개를 상자에 넣는 방법의 수를 구하시오.
(단, 각 상자에 들어가는 구슬의 개수에는 제한이 없다.) [3점]

  ...

118 2021학년도 수능(홀) 나형 13번

집합 $X = \{1, 2, 3, 4\}$에 대하여 다음 조건을 만족시키는 함수 $f : X \longrightarrow X$의 개수는? [3점]

$$f(2) \leq f(3) \leq f(4)$$

① 64   ② 68   ③ 72
④ 76   ⑤ 80

B STEP 유형 & 유사로 익히면…

> 정답과 해설 31쪽

유형 01 방정식의 해의 개수 [1]

119 2014학년도 9월 평가원 B형 8번

방정식 $x+y+z=4$를 만족시키는 -1 이상의 정수 x, y, z의 모든 순서쌍 (x, y, z)의 개수는? [3점]

① 21 ② 28 ③ 36
④ 45 ⑤ 56

→ 120 2015학년도 수능(홀) A형 18번

연립방정식

$$\begin{cases} x+y+z+3w=14 \\ x+y+z+w=10 \end{cases}$$

을 만족시키는 음이 아닌 정수 x, y, z, w의 모든 순서쌍 (x, y, z, w)의 개수는? [4점]

① 40 ② 45 ③ 50
④ 55 ⑤ 60

121 2016학년도 수능(홀) A형 17번

다음 조건을 만족시키는 음이 아닌 정수 a, b, c, d, e의 모든 순서쌍 (a, b, c, d, e)의 개수는? [4점]

(가) a, b, c, d, e 중에서 0의 개수는 2이다.
(나) $a+b+c+d+e=10$

① 240 ② 280 ③ 320
④ 360 ⑤ 400

→ 122 2021학년도 6월 평가원 나형 27번

다음 조건을 만족시키는 음이 아닌 정수 a, b, c, d의 모든 순서쌍 (a, b, c, d)의 개수를 구하시오. [4점]

(가) $a+b+c+d=6$
(나) a, b, c, d 중에서 적어도 하나는 0이다.

123 2016년 7월 교육청 나형 17번

다음 조건을 만족시키는 자연수 a, b, c, d의 모든 순서쌍 (a, b, c, d)의 개수는? [4점]

(가) a, b, c, d 중에서 홀수의 개수는 2이다.

(나) $a+b+c+d=12$

① 108   ② 120   ③ 132

④ 144   ⑤ 156

→ 124 2016년 4월 교육청 가/나형 28번

다음 조건을 만족시키는 자연수 x, y, z, w의 모든 순서쌍 (x, y, z, w)의 개수를 구하시오. [4점]

(가) $x+y+z+w=18$

(나) x, y, z, w 중에서 2개는 3으로 나눈 나머지가 1이고, 2개는 3으로 나눈 나머지가 2이다.

---

125 2017학년도 수능(홀) 가/나형 27번

다음 조건을 만족시키는 음이 아닌 정수 a, b, c의 모든 순서쌍 (a, b, c)의 개수를 구하시오. [4점]

(가) $a+b+c=7$

(나) $2^a \times 4^b$은 8의 배수이다.

→ 126 2015학년도 6월 평가원 B형 20번

다음 조건을 만족시키는 음이 아닌 정수 a, b, c의 모든 순서쌍 (a, b, c)의 개수는? [4점]

(가) $a+b+c=6$

(나) 좌표평면에서 세 점 $(1, a)$, $(2, b)$, $(3, c)$가 한 직선 위에 있지 않다.

① 19   ② 20   ③ 21

④ 22   ⑤ 23

유형 02 방정식의 해의 개수 [2]

127 2023년 4월 교육청 26번

방정식 $3x+y+z+w=11$을 만족시키는 자연수 x, y, z, w의 모든 순서쌍 (x, y, z, w)의 개수는? [3점]

① 24   ② 27   ③ 30

④ 33   ⑤ 36

➤ **128** 2017학년도 6월 평가원 나형 14번

방정식 $x+y+z+5w=14$를 만족시키는 양의 정수 x, y, z, w의 모든 순서쌍 (x, y, z, w)의 개수는? [4점]

① 27   ② 29   ③ 31

④ 33   ⑤ 35

129 2016학년도 6월 평가원 B형 27번

다음 조건을 만족시키는 음이 아닌 정수 x, y, z, u의 모든 순서쌍 (x, y, z, u)의 개수를 구하시오. [4점]

> (가) $x+y+z+u=6$
> (나) $x \neq u$

➤ **130** 2022학년도 수능(홀) 25번

다음 조건을 만족시키는 자연수 a, b, c, d, e의 모든 순서쌍 (a, b, c, d, e)의 개수는? [3점]

> (가) $a+b+c+d+e=12$
> (나) $|a^2-b^2|=5$

① 30   ② 32   ③ 34

④ 36   ⑤ 38

131 2016학년도 9월 평가원 B형 27번

다음 조건을 만족시키는 2 이상의 자연수 a, b, c, d의 모든 순서쌍 (a, b, c, d)의 개수를 구하시오. [4점]

> (가) $a+b+c+d=20$
>
> (나) a, b, c는 모두 d의 배수이다.

→ **132** 2020학년도 수능(홀) 가형 16번

다음 조건을 만족시키는 음이 아닌 정수 a, b, c, d의 모든 순서쌍 (a, b, c, d)의 개수는? [4점]

> (가) $a+b+c-d=9$
>
> (나) $d \leq 4$이고 $c \geq d$이다.

① 265   ② 270   ③ 275
④ 280   ⑤ 285

133 2021학년도 사관학교 나형 27번

다음 조건을 만족시키는 자연수 a, b, c, d, e의 모든 순서쌍 (a, b, c, d, e)의 개수를 구하시오. [4점]

> (가) $a+b+c+d+e=10$
>
> (나) ab는 홀수이다.

→ **134** 2024년 5월 교육청 29번

다음 조건을 만족시키는 자연수 a, b, c, d, e의 모든 순서쌍 (a, b, c, d, e)의 개수를 구하시오. [4점]

> (가) $a+b+c+d+e=11$
>
> (나) $a+b$는 짝수이다.
>
> (다) a, b, c, d, e 중에서 짝수의 개수는 2 이상이다.

유형 03 방정식의 해의 개수 [3]

135 2018년 7월 교육청 나형 15번

한 개의 주사위를 세 번 던져 나오는 눈의 수를 차례로 a, b, c 라 하자. $a+b+c=14$를 만족시키는 모든 순서쌍 (a, b, c) 의 개수는? [4점]

① 11   ② 12   ③ 13

④ 14   ⑤ 15

→ **136** 2021년 4월 교육청 30번

다음 조건을 만족시키는 14 이하의 네 자연수 x_1, x_2, x_3, x_4 의 모든 순서쌍 (x_1, x_2, x_3, x_4)의 개수를 구하시오. [4점]

> (가) $x_1+x_2+x_3+x_4=34$
>
> (나) x_1과 x_3은 홀수이고 x_2와 x_4는 짝수이다.

137 2005년 7월 교육청 가형 29번

7001의 각 자리의 숫자의 합은 8이 된다. 이때, 각 자리를 상자로 생각하면 7001은 네 개의 상자에 그림과 같이 8개의 공을 넣는 것으로 생각할 수 있다.

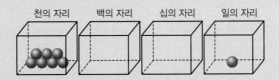

천의 자리   백의 자리   십의 자리   일의 자리

이를 이용하여 0부터 9999까지의 정수 중에서 각 자리의 숫자의 합이 8이 되는 정수의 개수를 구하면? [4점]

① 162   ② 165   ③ 168
④ 171   ⑤ 174

→ **138** 2014년 10월 교육청 B형 14번

주머니 안에 0, 2, 3, 5가 하나씩 적혀 있는 4개의 공이 있다. 이 주머니에서 임의로 한 개의 공을 꺼내어 숫자를 확인한 후 다시 넣는 시행을 3회 반복한다. 꺼낸 3개의 공에 적힌 수를 모두 곱한 값으로 가능한 서로 다른 정수의 개수는? [4점]

① 9   ② 11   ③ 13
④ 15   ⑤ 17

139 2017년 4월 교육청 가형 26번

네 개의 자연수 2, 3, 5, 7 중에서 중복을 허락하여 8개를 선택할 때, 선택된 8개의 수의 곱이 60의 배수가 되도록 하는 경우의 수를 구하시오. [4점]

→ **140** 2015학년도 9월 평가원 B형 26번

자연수 n에 대하여 $abc=2^n$을 만족시키는 1보다 큰 자연수 a, b, c의 순서쌍 (a, b, c)의 개수가 28일 때, n의 값을 구하시오. [4점]

141 2019년 4월 교육청 나형 29번

다음 조건을 만족시키는 자연수 a, b, c의 모든 순서쌍 (a, b, c)의 개수를 구하시오. [4점]

> (가) a, b, c는 모두 짝수이다.
> (나) $a \times b \times c = 10^5$

→ 142 2017년 10월 교육청 나형 28번

다음 조건을 만족시키는 세 자연수 a, b, c의 모든 순서쌍 (a, b, c)의 개수를 구하시오. [4점]

> (가) $abc = 180$
> (나) $(a-b)(b-c)(c-a) \neq 0$

유형 **05** 여사건을 이용하는 경우의 수

143 2020년 10월 교육청 나형 27번

다음 조건을 만족시키는 음이 아닌 정수 a, b, c의 모든 순서쌍 (a, b, c)의 개수를 구하시오. [4점]

> (가) $a+b+c = 14$
> (나) $(a-2)(b-2)(c-2) \neq 0$

→ 144 2022학년도 수능 예시문항 29번

다음 조건을 만족시키는 음이 아닌 정수 a, b, c, d의 모든 순서쌍 (a, b, c, d)의 개수를 구하시오. [4점]

> (가) $a+b+c+d = 12$
> (나) $a \neq 2$이고 $a+b+c \neq 10$이다.

145 2021학년도 사관학교 가형 9번

다섯 개의 자연수 1, 2, 3, 4, 5 중에서 중복을 허락하여 3개의 수를 택할 때, 택한 세 수의 곱이 6 이상인 경우의 수는? [3점]

① 23　　　　② 25　　　　③ 27

④ 29　　　　⑤ 31

→ **146** 2015학년도 9월 평가원 A형 15번

네 개의 자연수 1, 2, 4, 8 중에서 중복을 허락하여 세 수를 선택할 때, 세 수의 곱이 100 이하가 되도록 선택하는 경우의 수는? [4점]

① 12　　　　② 14　　　　③ 16

④ 18　　　　⑤ 20

유형 06 **대소가 정해진 수의 순서쌍의 개수**

147 2021년 3월 교육청 29번

5 이하의 자연수 a, b, c, d에 대하여 부등식
$$a \leq b+1 \leq c \leq d$$
를 만족시키는 모든 순서쌍 (a, b, c, d)의 개수를 구하시오.

[4점]

→ **148** 2020학년도 6월 평가원 가형 19번 / 나형 29번

다음 조건을 만족시키는 음이 아닌 정수 x_1, x_2, x_3, x_4의 모든 순서쌍 (x_1, x_2, x_3, x_4)의 개수는? [4점]

> (가) $n=1, 2, 3$일 때, $x_{n+1}-x_n \geq 2$이다.
>
> (나) $x_4 \leq 12$

① 210　　　　② 220　　　　③ 230

④ 240　　　　⑤ 250

149 2016학년도 수능(홀) B형 14번

세 정수 a, b, c에 대하여

$$1 \leq |a| \leq |b| \leq |c| \leq 5$$

를 만족시키는 모든 순서쌍 (a, b, c)의 개수는? [4점]

① 360   ② 320   ③ 280

④ 240   ⑤ 200

→ 150 2019학년도 경찰대학 2번

세 정수 a, b, c에 대하여

$$1 \leq a \leq |b| \leq |c| \leq 7$$

을 만족시키는 모든 순서쌍 (a, b, c)의 개수는? [3점]

① 300   ② 312   ③ 324

④ 336   ⑤ 348

151 2015학년도 수능(홀) B형 26번

다음 조건을 만족시키는 자연수 a, b, c의 모든 순서쌍 (a, b, c)의 개수를 구하시오. [4점]

> (가) $a \times b \times c$는 홀수이다.
>
> (나) $a \leq b \leq c \leq 20$

→ 152 2016년 7월 교육청 가형 18번

다음 조건을 만족시키는 세 자연수 a, b, c의 모든 순서쌍 (a, b, c)의 개수는? [4점]

> (가) 세 수 a, b, c의 합은 짝수이다.
>
> (나) $a \leq b \leq c \leq 15$

① 320   ② 324   ③ 328

④ 332   ⑤ 336

153 2024학년도 수능(홀) 29번

다음 조건을 만족시키는 6 이하의 자연수 a, b, c, d의 모든 순서쌍 (a, b, c, d)의 개수를 구하시오. [4점]

$a \leq c \leq d$이고 $b \leq c \leq d$이다.

→ 154 2024학년도 9월 평가원 30번

다음 조건을 만족시키는 13 이하의 자연수 a, b, c, d의 모든 순서쌍 (a, b, c, d)의 개수를 구하시오. [4점]

(가) $a \leq b \leq c \leq d$

(나) $a \times d$는 홀수이고, $b + c$는 짝수이다.
---

155 2016학년도 9월 평가원 A형 19번

다음 조건을 만족시키는 음이 아닌 정수 a, b, c, d의 모든 순서쌍 (a, b, c, d)의 개수는? [4점]

(가) $a + b + c + 3d = 10$

(나) $a + b + c \leq 5$
---

① 18   ② 20   ③ 22

④ 24   ⑤ 26

→ 156 2018학년도 9월 평가원 나형 16번

다음 조건을 만족시키는 음이 아닌 정수 x, y, z의 모든 순서쌍 (x, y, z)의 개수는? [4점]

(가) $x + y + z = 10$

(나) $0 < y + z < 10$
---

① 39   ② 44   ③ 49

④ 54   ⑤ 59

유형 07 중복조합 (1)

157 2013년 10월 교육청 A형 10번

같은 종류의 선물 4개를 4명의 학생에게 남김없이 나누어 줄 때, 2명의 학생만 선물을 받는 경우의 수는?

(단, 선물끼리는 서로 구별하지 않는다.) [3점]

① 18   ② 21   ③ 24

④ 30   ⑤ 36

→ **158** 2018년 7월 교육청 나형 26번

서로 같은 8개의 공을 남김없이 서로 다른 4개의 상자에 넣으려고 할 때, 빈 상자의 개수가 1이 되도록 넣는 경우의 수를 구하시오. [4점]

159 2021년 10월 교육청 25번

같은 종류의 공책 10권을 4명의 학생 A, B, C, D에게 남김없이 나누어 줄 때, A와 B가 각각 2권 이상의 공책을 받도록 나누어 주는 경우의 수는?

(단, 공책을 받지 못하는 학생이 있을 수 있다.) [3점]

① 76   ② 80   ③ 84

④ 88   ⑤ 92

→ **160** 2019학년도 9월 평가원 나형 16번

서로 다른 종류의 사탕 3개와 같은 종류의 구슬 7개를 같은 종류의 주머니 3개에 남김없이 나누어 넣으려고 한다. 각 주머니에 사탕과 구슬이 각각 1개 이상씩 들어가도록 나누어 넣는 경우의 수는? [4점]

① 11   ② 12   ③ 13

④ 14   ⑤ 15

161 2009학년도 9월 평가원 가형 27번

사과 주스, 포도 주스, 감귤 주스 중에서 8병을 선택하려고 한다. 사과 주스, 포도 주스, 감귤 주스를 각각 적어도 1병 이상씩 선택하는 경우의 수는?

(단, 각 종류의 주스는 8병 이상씩 있다.) [3점]

① 17   ② 19   ③ 21
④ 23   ⑤ 25

→ 162 2014학년도 6월 평가원 B형 10번

고구마피자, 새우피자, 불고기피자 중에서 m개를 주문하는 경우의 수가 36일 때, 고구마피자, 새우피자, 불고기피자를 적어도 하나씩 포함하여 m개를 주문하는 경우의 수는? [3점]

① 12   ② 15   ③ 18
④ 21   ⑤ 24

163 2021년 3월 교육청 26번

같은 종류의 연필 6자루와 같은 종류의 지우개 5개를 세 명의 학생에게 남김없이 나누어 주려고 한다. 각 학생이 적어도 한 자루의 연필을 받도록 나누어 주는 경우의 수는?

(단, 지우개를 받지 못하는 학생이 있을 수 있다.) [3점]

① 210   ② 220   ③ 230
④ 240   ⑤ 250

→ 164 2014학년도 수능(홀) A형 18번

흰색 탁구공 8개와 주황색 탁구공 7개를 3명의 학생에게 남김없이 나누어 주려고 한다. 각 학생이 흰색 탁구공과 주황색 탁구공을 각각 한 개 이상 갖도록 나누어 주는 경우의 수는? [4점]

① 295   ② 300   ③ 305
④ 310   ⑤ 315

165 2020학년도 수능(홀) 나형 29번

세 명의 학생 A, B, C에게 같은 종류의 사탕 6개와 같은 종류의 초콜릿 5개를 다음 규칙에 따라 남김없이 나누어 주는 경우의 수를 구하시오. [4점]

⑺ 학생 A가 받는 사탕의 개수는 1 이상이다.
⑻ 학생 B가 받는 초콜릿의 개수는 1 이상이다.
⑼ 학생 C가 받는 사탕의 개수와 초콜릿의 개수의 합은 1 이상이다.

166 2022학년도 6월 평가원 26번

빨간색 카드 4장, 파란색 카드 2장, 노란색 카드 1장이 있다. 이 7장의 카드를 세 명의 학생에게 남김없이 나누어 줄 때, 3가지 색의 카드를 각각 한 장 이상 받는 학생이 있도록 나누어 주는 경우의 수는? (단, 같은 색 카드끼리는 서로 구별하지 않고, 카드를 받지 못하는 학생이 있을 수 있다.) [3점]

① 78   ② 84   ③ 90
④ 96   ⑤ 102

167 2012년 10월 교육청 나형 27번

반지름의 길이가 서로 다른 여섯 종류의 원판이 각각 3개씩 18개가 있다. 원판을 다음과 같은 규칙으로 쌓으려고 한다.

⑺ 원판 3개를 택하여 원판의 중심이 일치하도록 쌓는다.
⑻ 반지름의 길이가 작은 원판은 반지름의 길이가 큰 원판 위에 쌓는다.
⑼ 반지름의 길이가 같은 원판은 구별하지 않으면서 쌓는다.

그림은 반지름의 길이가 같은 두 개의 원판과 반지름의 길이가 작은 한 개의 원판을 규칙에 따라 쌓은 예이다.

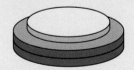

이와 같이 쌓는 방법의 수를 구하시오. [4점]

168 2014년 10월 교육청 A형 20번

빨간 공, 파란 공, 노란 공이 각각 5개씩 있다. 이 15개의 공만을 사용하여 빨간 상자, 파란 상자, 노란 상자에 상자의 색과 다른 색의 공을 5개씩 담으려고 한다. 공을 담는 경우의 수는? (단, 같은 색의 공은 서로 구별하지 않는다.) [4점]

① 6   ② 12   ③ 18
④ 24   ⑤ 30

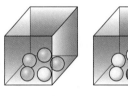

그림과 같이 10개의 공이 들어 있는 주머니와 일렬로 나열된 네 상자 A, B, C, D가 있다. 이 주머니에서 2개의 공을 동시에 꺼내어 이웃한 두 상자에 각각 한 개씩 넣는 시행을 5회 반복할 때, 네 상자 A, B, C, D에 들어 있는 공의 개수를 각각 a, b, c, d라 하자. a, b, c, d의 모든 순서쌍 (a, b, c, d)의 개수는? (단, 상자에 넣은 공은 다시 꺼내지 않는다.) [4점]

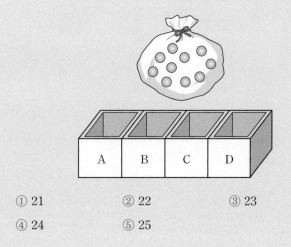

① 21   ② 22   ③ 23
④ 24   ⑤ 25

어떤 사회봉사센터에서는 다음과 같은 4가지 봉사활동 프로그램을 매일 운영하고 있다.

프로그램	A	B	C	D
봉사활동 시간	1시간	2시간	3시간	4시간

철수는 이 사회봉사센터에서 5일간 매일 하나씩의 프로그램에 참여하여 다섯 번의 봉사활동 시간 합계가 8시간이 되도록 아래와 같은 봉사활동 계획서를 작성하려고 한다. 작성할 수 있는 봉사활동 계획서의 가짓수는? [4점]

[봉사활동 계획서]

성명 :

참여일	참여 프로그램	봉사활동 시간
2009. 1. 5		
2009. 1. 6		
2009. 1. 7		
2009. 1. 8		
2009. 1. 9		
봉사활동 시간 합계		8시간

① 47   ② 44   ③ 41
④ 38   ⑤ 35

유형 08 중복조합 (2)

171 2010학년도 수능(홀) 가형 27번

같은 종류의 사탕 5개를 3명의 아이에게 1개 이상씩 나누어 주고, 같은 종류의 초콜릿 5개를 1개의 사탕을 받은 아이에게만 1개 이상씩 나누어 주려고 한다. 사탕과 초콜릿을 남김없이 나누어 주는 경우의 수는? [3점]

① 27   ② 24   ③ 21
④ 18   ⑤ 15

→ **172** 2020년 10월 교육청 가형 28번

세 명의 학생 A, B, C에게 같은 종류의 빵 3개와 같은 종류의 우유 4개를 남김없이 나누어 주려고 한다. 빵만 받는 학생은 없고, 학생 A는 빵을 1개 이상 받도록 나누어 주는 경우의 수를 구하시오.

(단, 우유를 받지 못하는 학생이 있을 수 있다.) [4점]

173 2019학년도 수능(홀) 가형 12번

네 명의 학생 A, B, C, D에게 같은 종류의 초콜릿 8개를 다음 규칙에 따라 남김없이 나누어 주는 경우의 수는? [3점]

> (가) 각 학생은 적어도 1개의 초콜릿을 받는다.
> (나) 학생 A는 학생 B보다 더 많은 초콜릿을 받는다.

① 11   ② 13   ③ 15
④ 17   ⑤ 19

→ **174** 2024년 3월 교육청 29번

세 명의 학생에게 서로 다른 종류의 초콜릿 3개와 같은 종류의 사탕 5개를 다음 규칙에 따라 남김없이 나누어 주는 경우의 수를 구하시오.

(단, 사탕을 받지 못하는 학생이 있을 수 있다.) [4점]

> (가) 적어도 한 명의 학생은 초콜릿을 받지 못한다.
> (나) 각 학생이 받는 초콜릿의 개수와 사탕의 개수의 합은 2 이상이다.

사과, 배, 귤 세 종류의 과일이 각각 2개씩 있다. 이 6개의 과일 중 4개를 선택하여 2명의 학생에게 남김없이 나누어 주는 경우의 수를 구하시오. (단, 같은 종류의 과일은 서로 구별하지 않고, 과일을 한 개도 받지 못하는 학생은 없다.) [4점]

검은색 볼펜 1자루, 파란색 볼펜 4자루, 빨간색 볼펜 4자루가 있다. 이 9자루의 볼펜 중에서 5자루를 선택하여 2명의 학생에게 남김없이 나누어 주는 경우의 수를 구하시오.
(단, 같은 색 볼펜끼리는 서로 구별하지 않고, 볼펜을 1자루도 받지 못하는 학생이 있을 수 있다.) [4점]

177 2017학년도 6월 평가원 가형 27번

사과, 감, 배, 귤 네 종류의 과일 중에서 8개를 선택하려고 한다. 사과는 1개 이하를 선택하고, 감, 배, 귤은 각각 1개 이상을 선택하는 경우의 수를 구하시오.

(단, 각 종류의 과일은 8개 이상씩 있다.) [4점]

→ **178** 2006학년도 수능(홀) 가형 30번

네 종류의 사탕 중에서 15개를 선택하려고 한다. 초콜릿사탕은 4개 이하, 박하사탕은 3개 이상, 딸기사탕은 2개 이상, 버터사탕은 1개 이상을 선택하는 경우의 수를 구하시오.

(단, 각 종류의 사탕은 15개 이상씩 있다.) [4점]

179 2013년 10월 교육청 B형 8번

같은 종류의 구슬 다섯 개를 서로 다른 세 개의 주머니에 나누어 넣으려고 한다. 각 주머니 안의 구슬이 세 개 이하가 되도록 넣는 방법의 수는? (단, 구슬끼리는 서로 구별하지 않고 빈 주머니가 있을 수도 있다.) [3점]

① 10   ② 11   ③ 12

④ 13   ⑤ 14

→ **180** 2017학년도 사관학교 가형 14번

같은 종류의 볼펜 6개, 같은 종류의 연필 6개, 같은 종류의 지우개 6개가 필통에 들어 있다. 이 필통에서 8개를 동시에 꺼내는 경우의 수는?

(단, 같은 종류끼리는 서로 구별하지 않는다.) [4점]

① 18   ② 24   ③ 30

④ 36   ⑤ 42

그림과 같이 같은 종류의 책 8권과 이 책을 각 칸에 최대 5권, 5권, 8권을 꽂을 수 있는 3개의 칸으로 이루어진 책장이 있다. 이 책 8권을 책장에 남김없이 나누어 꽂는 경우의 수는?

(단, 비어 있는 칸이 있을 수 있다.) [3점]

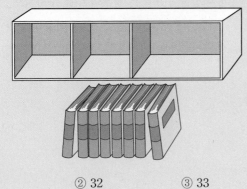

① 31   ② 32   ③ 33
④ 34   ⑤ 35

두 집합 $X=\{1, 2, 3, 4\}$, $Y=\{0, 1, 2, 3, 4, 5, 6\}$에 대하여 X에서 Y로의 함수 f 중에서

$$f(1)+f(2)+f(3)+f(4)=8$$

을 만족시키는 함수 f의 개수는? [4점]

① 137   ② 141   ③ 145
④ 149   ⑤ 153

유형 **10** 중복조합 (4)

183 2018년 7월 교육청 가형 26번

3000보다 작은 네 자리 자연수 중 각 자리의 수의 합이 10이
되는 모든 자연수의 개수를 구하시오. [4점]

→ 184 2016년 3월 교육청 가형 27번

다음 조건을 만족시키는 자연수 N의 개수를 구하시오. [4점]

> (가) N은 10 이상 9999 이하의 홀수이다.
> (나) N의 각 자리 수의 합은 7이다.

185 2015년 10월 교육청 B형 18번

다음 조건을 만족시키는 네 자리 자연수의 개수는? [4점]

> (가) 각 자리의 수의 합은 14이다.
> (나) 각 자리의 수는 모두 홀수이다.

① 51   ② 52   ③ 53
④ 54   ⑤ 55

→ 186 2017년 7월 교육청 나형 28번

다음 조건을 만족시키는 모든 자연수의 개수를 구하시오.

[4점]

> (가) 네 자리의 홀수이다.
> (나) 각 자리의 수의 합이 8보다 작다.

187 2019년 7월 교육청 가형 27번 / 나형 16번

어느 수영장에 1번부터 8번까지 8개의 레인이 있다. 3명의 학생이 서로 다른 레인의 번호를 각각 1개씩 선택할 때, 3명의 학생이 선택한 레인의 세 번호 중 어느 두 번호도 연속되지 않도록 선택하는 경우의 수를 구하시오. [4점]

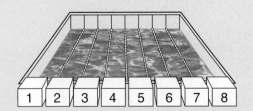

→ **188** 2016학년도 사관학교 A형 28번

어느 공연장에 15개의 좌석이 일렬로 배치되어 있다. 이 좌석 중에서 서로 이웃하지 않도록 4개의 좌석을 선택하려고 한다. 예를 들면, 아래 그림의 색칠한 부분과 같이 좌석을 선택한다.

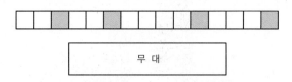

무 대

이와 같이 좌석을 선택하는 경우의 수를 구하시오.

       (단, 좌석을 선택하는 순서는 고려하지 않는다.) [4점]

유형 12 함수의 개수

189 2011년 7월 교육청 가형 27번

집합 $X=\{1,\,2,\,3,\,4\}$에서 집합 $Y=\{4,\,5,\,6,\,7\}$로의 함수 f 중 다음 조건을 만족하는 함수의 개수를 구하시오. [3점]

> (개) $f(2)=5$
> (내) 집합 X의 임의의 두 원소 $i,\,j$에 대하여 $i<j$이면 $f(i)\le f(j)$

→ **190** 2018년 10월 교육청 나형 26번

집합 $X=\{1,\,2,\,3,\,4,\,5,\,6,\,7\}$에 대하여 다음 조건을 만족시키는 함수 $f:X\longrightarrow X$의 개수를 구하시오. [4점]

> (개) 함수 f의 치역의 원소의 개수는 3이다.
> (내) 집합 X의 임의의 두 원소 $x_1,\,x_2$에 대하여 $x_1<x_2$이면 $f(x_1)\le f(x_2)$이다.

집합 $X = \{1,\ 2,\ 3,\ 4,\ 5\}$에 대하여 다음 조건을 만족시키는 함수 $f : X \longrightarrow X$의 개수를 구하시오. [4점]

> (가) $f(f(1)) = 4$
> (나) $f(1) \leq f(3) \leq f(5)$

두 집합 $X = \{1,\ 2,\ 3,\ 4,\ 5,\ 6\}$, $Y = \{1,\ 2,\ 3,\ 4,\ 5\}$에 대하여 다음 조건을 만족시키는 X에서 Y로의 함수 f의 개수는?

[4점]

> (가) $\sqrt{f(1) \times f(2) \times f(3)}$ 의 값은 자연수이다.
> (나) 집합 X의 임의의 두 원소 x_1, x_2에 대하여 $x_1 < x_2$이면 $f(x_1) \leq f(x_2)$이다.

① 84   ② 87   ③ 90

④ 93   ⑤ 96

집합 $X = \{1,\ 2,\ 3,\ 4,\ 5\}$에 대하여 다음 조건을 만족시키는

193 2022년 10월 교육청 29번

두 집합 $X=\{1,\ 2,\ 3,\ 4\}$, $Y=\{1,\ 2,\ 3,\ 4,\ 5,\ 6\}$에 대하여 다음 조건을 만족시키는 함수 $f:X \longrightarrow Y$의 개수를 구하시오. [4점]

> (가) 집합 X의 임의의 두 원소 x_1, x_2에 대하여 $x_1<x_2$이면 $f(x_1)\leq f(x_2)$이다.
> (나) $f(1)\leq 3$
> (다) $f(3)\leq f(1)+4$

→ **194** 2023년 3월 교육청 30번

집합 $X=\{1,\ 2,\ 3,\ 4,\ 5\}$에 대하여 다음 조건을 만족시키는 함수 $f:X \longrightarrow X$의 개수를 구하시오. [4점]

> (가) 집합 X의 임의의 두 원소 x_1, x_2에 대하여 $x_1<x_2$이면 $f(x_1)\leq f(x_2)$이다.
> (나) $f(2)\neq 1$이고 $f(4)\times f(5)<20$이다.

02

195 2025학년도 수능(홀) 28번

집합 $X = \{1, 2, 3, 4, 5, 6\}$에 대하여 다음 조건을 만족시키는 함수 $f : X \longrightarrow X$의 개수는? [4점]

> (가) $f(1) \times f(6)$의 값이 6의 약수이다.
> (나) $2f(1) \leq f(2) \leq f(3) \leq f(4) \leq f(5) \leq 2f(6)$

① 166   ② 171   ③ 176

④ 181   ⑤ 186

→ **196** 2020년 7월 교육청 가형 28번

집합 $X = \{1, 2, 3, 4, 5, 6\}$에 대하여 함수 $f : X \longrightarrow X$ 중에서 다음 조건을 만족시키는 함수 f의 개수를 구하시오.

[4점]

> (가) $f(3) \times f(6)$은 3의 배수이다.
> (나) 집합 X의 임의의 두 원소 x_1, x_2에 대하여 $x_1 < x_2$이면
> $f(x_1) \leq f(x_2)$이다.

197 2022학년도 9월 평가원 30번

네 명의 학생 A, B, C, D에게 같은 종류의 사인펜 14개를 다음 규칙에 따라 남김없이 나누어 주는 경우의 수를 구하시오. [4점]

⑺ 각 학생은 1개 이상의 사인펜을 받는다.

⑴ 각 학생이 받는 사인펜의 개수는 9 이하이다.

⑸ 적어도 한 학생은 짝수 개의 사인펜을 받는다.

198 2022년 4월 교육청 28번

다음 조건을 만족시키는 음이 아닌 정수 a, b, c, d, e의 모든 순서쌍 (a, b, c, d, e)의 개수는? [4점]

⑺ $a+b+c+d+e=10$

⑴ $|a-b+c-d+e| \leq 2$

① 359   ② 363   ③ 367

④ 371   ⑤ 375

흰 공 4개와 검은 공 4개를 세 명의 학생 A, B, C에게 다음 규칙에 따라 남김없이 나누어 주는 경우의 수를 구하시오. (단, 같은 색 공끼리는 서로 구별하지 않고, 공을 받지 못하는 학생이 있을 수 있다.) [4점]

> ㈎ 학생 A가 받는 공의 개수는 0 이상 2 이하이다.
> ㈏ 학생 B가 받는 공의 개수는 2 이상이다.

네 명의 학생 A, B, C, D에게 검은 공 4개, 흰 공 5개, 빨간 공 5개를 다음 규칙에 따라 남김없이 나누어 주는 경우의 수를 구하시오. (단, 같은 색 공끼리는 서로 구별하지 않는다.) [4점]

> ㈎ 각 학생이 받는 공의 색의 종류의 수는 2이다.
> ㈏ 학생 A는 흰 공과 검은 공을 받으며 흰 공보다 검은 공을 더 많이 받는다.
> ㈐ 학생 A가 받는 공의 개수는 홀수이며 학생 A가 받는 공의 개수 이상의 공을 받는 학생은 없다.

201 2021학년도 수능(홀) 가형 29번

네 명의 학생 A, B, C, D에게 검은색 모자 6개와 흰색 모자 6개를 다음 규칙에 따라 남김없이 나누어 주는 경우의 수를 구하시오.

(단, 같은 색 모자끼리는 서로 구별하지 않는다.) [4점]

> ㈎ 각 학생은 1개 이상의 모자를 받는다.
> ㈏ 학생 A가 받는 검은색 모자의 개수는 4 이상이다.
> ㈐ 흰색 모자보다 검은색 모자를 더 많이 받는 학생은 A를 포함하여 2명뿐이다.

202 2024년 3월 교육청 30번

집합 $X = \{1, 2, 3, 4, 5\}$에 대하여 다음 조건을 만족시키는 함수 $f : X \longrightarrow X$의 개수를 구하시오. [4점]

> ㈎ $f(1) \leq f(2) \leq f(3)$
> ㈏ $1 < f(5) < f(4)$
> ㈐ $f(a) = b$, $f(b) = a$를 만족시키는 집합 X의 서로 다른 두 원소 a, b가 존재한다.

연필 7자루와 볼펜 4자루를 다음 조건을 만족시키도록 여학생 3명과 남학생 2명에게 남김없이 나누어 주는 경우의 수를 구하시오. (단, 연필끼리는 서로 구별하지 않고, 볼펜끼리도 서로 구별하지 않는다.) [4점]

(가) 여학생이 각각 받는 연필의 개수는 서로 같고, 남학생이 각각 받는 볼펜의 개수도 서로 같다.

(나) 여학생은 연필을 1자루 이상 받고, 볼펜을 받지 못하는 여학생이 있을 수 있다.

(다) 남학생은 볼펜을 1자루 이상 받고, 연필을 받지 못하는 남학생이 있을 수 있다.

다음 조건을 만족시키는 자연수 a, b, c, d의 모든 순서쌍 (a, b, c, d)의 개수는? [4점]

(가) $a+b+c+d=12$

(나) 좌표평면에서 두 점 (a, b), (c, d)는 서로 다른 점이며 두 점 중 어떠한 점도 직선 $y=2x$ 위에 있지 않다.

---

① 125　　　② 134　　　③ 143

④ 152　　　⑤ 161

205

그림과 같이 2장의 검은색 카드와 1부터 8까지의 자연수가 하나씩 적혀 있는 8장의 흰색 카드가 있다. 이 카드를 모두 한 번씩 사용하여 왼쪽에서 오른쪽으로 일렬로 배열할 때, 다음 조건을 만족시키는 경우의 수를 구하시오.

(단, 검은색 카드는 서로 구별하지 않는다.) [4점]

(가) 흰색 카드에 적힌 수가 작은 수부터 크기순으로 왼쪽에서 오른쪽으로 배열되도록 카드가 놓여 있다.

(나) 검은색 카드 사이에는 흰색 카드가 2장 이상 놓여 있다.

(다) 검은색 카드 사이에는 3의 배수가 적힌 흰색 카드가 1장 이상 놓여 있다.

206

어느 학교 도서관에서 독서프로그램 운영을 위해 철학, 사회과학, 자연과학, 문학, 역사 분야에 해당하는 책을 각 분야별로 10권씩 총 50권을 준비하였다. 한 학급에서 이 50권의 책 중 24권의 책을 선택하려고 할 때, 다음 조건을 만족시키도록 선택하는 경우의 수를 구하시오.

(단, 같은 분야에 해당하는 책은 서로 구별하지 않는다.) [4점]

(가) 철학, 사회과학, 자연과학 각각의 분야에 해당하는 책은 4권 이상씩 선택한다.

(나) 문학 분야에 해당하는 책은 선택하지 않거나 4권 이상 선택한다.

(다) 역사 분야에 해당하는 책은 선택하지 않거나 4권 이상 선택한다.

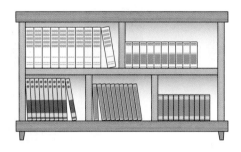

03

이항정리

개념 카드

실전 개념 1　**이항정리**　　　　　　　　　　　　　　**〉유형 01 ~ 03**

자연수 n에 대하여 $(a+b)^n$의 전개식은 다음과 같고, 이것을 이항정리라 한다.

$$(a+b)^n = {}_nC_0 a^n + {}_nC_1 a^{n-1}b^1 + \cdots + {}_nC_r a^{n-r}b^r + \cdots + {}_nC_n b^n$$

이때 전개식에서 각 항의 계수 ${}_nC_0$, ${}_nC_1$, $\cdots$, ${}_nC_n$을 이항계수라 하고, ${}_nC_r a^{n-r}b^r$을 $(a+b)^n$의 전개식의 일반항이라 한다.

실전 개념 2　**이항계수의 성질**　　　　　　　　　　　**〉유형 04. 06**

(1) ${}_nC_0 + {}_nC_1 + {}_nC_2 + \cdots + {}_nC_n = 2^n$

(2) ${}_nC_0 - {}_nC_1 + {}_nC_2 - \cdots + (-1)^n {}_nC_n = 0$

(3) ${}_nC_0 + {}_nC_2 + {}_nC_4 + \cdots = {}_nC_1 + {}_nC_3 + {}_nC_5 + \cdots = 2^{n-1}$

실전 개념 3　**파스칼의 삼각형**　　　　　　　　　　**〉유형 05**

$n=1$, 2, 3, 4, $\cdots$일 때, $(a+b)^n$의 전개식

$$(a+b)^n = {}_nC_0 a^n + {}_nC_1 a^{n-1}b^1 + \cdots + {}_nC_r a^{n-r}b^r + \cdots + {}_nC_n b^n$$

에서 이항계수를 다음과 같이 배열하고 가장 위쪽에 자연수 1을 놓아 삼각형 모양으로 배열한 것을 파스칼의 삼각형이라 한다.

$$
\begin{array}{cc}
 & 1 \\
(a+b)^1 & {}_1C_0 \quad {}_1C_1 \\
(a+b)^2 & {}_2C_0 \quad {}_2C_1 \quad {}_2C_2 \\
(a+b)^3 & {}_3C_0 \quad {}_3C_1 \quad {}_3C_2 \quad {}_3C_3 \\
(a+b)^4 & {}_4C_0 \quad {}_4C_1 \quad {}_4C_2 \quad {}_4C_3 \quad {}_4C_4 \\
\vdots & \vdots
\end{array}
\quad \rightarrow \quad
\begin{array}{c}
1 \\
1 \quad 1 \\
1 \quad 2 \quad 1 \\
1 \quad 3 \quad 3 \quad 1 \\
1 \quad 4 \quad 6 \quad 4 \quad 1 \\
\vdots
\end{array}
$$

파스칼의 삼각형에서는 다음과 같은 조합의 성질을 확인할 수 있다.

(1) 각 행의 양 끝에 있는 수는 모두 1이다. → ${}_nC_0 = 1$, ${}_nC_n = 1$

(2) 각 행의 수의 배열이 좌우 대칭이다. → ${}_nC_r = {}_nC_{n-r}$

(3) 각 행에서 이웃하는 두 수의 합은 그 다음 행에서 두 수의 중앙에 있는 수와 같다. → ${}_{n-1}C_{r-1} + {}_{n-1}C_r = {}_nC_r$

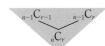

207 2013학년도 6월 평가원 가형 2번

다항식 $(1+x)^5$의 전개식에서 x^2의 계수는? [2점]

① 7   ② 8   ③ 9

④ 10   ⑤ 11

209 2022학년도 수능(홀) 23번

다항식 $(x+2)^7$의 전개식에서 x^5의 계수는? [2점]

① 42   ② 56   ③ 70

④ 84   ⑤ 98

208 2019학년도 수능(홀) 나형 6번

다항식 $(1+x)^7$의 전개식에서 x^4의 계수는? [3점]

① 42   ② 35   ③ 28

④ 21   ⑤ 14

210 2022학년도 6월 평가원 23번

다항식 $(2x+1)^5$의 전개식에서 x^3의 계수는? [2점]

① 20   ② 40   ③ 60

④ 80   ⑤ 100

211 2019년 3월 교육청 가형 23번

다항식 $\left(2x+\dfrac{1}{2}\right)^6$의 전개식에서 x^4의 계수를 구하시오. [3점]

213 2013년 10월 교육청 B형 22번

$_5C_0+{_5}C_1+{_5}C_2+{_5}C_3+{_5}C_4+{_5}C_5$의 값을 구하시오. [3점]

212 2011학년도 6월 평가원 나형 19번

$\left(\dfrac{x}{2}+\dfrac{2}{x}\right)^6$의 전개식에서 상수항을 구하시오. [3점]

214 2020년 10월 교육청 나형 6번

$_4C_0+{_4}C_1\times3+{_4}C_2\times3^2+{_4}C_3\times3^3+{_4}C_4\times3^4$의 값은? [3점]

① 240   ② 244   ③ 248

④ 252   ⑤ 256

B STEP 유형 & 유사로 익히면…

215 2022년 7월 교육청 23번

다항식 $(4x+1)^6$의 전개식에서 x의 계수는? [2점]

① 20   ② 24   ③ 28

④ 32   ⑤ 36

→ **216** 2018년 4월 교육청 나형 25번

$(x+2y)^4$의 전개식에서 x^2y^2의 계수를 구하시오. [3점]

217 2023학년도 9월 평가원 23번

다항식 $(x^2+2)^6$의 전개식에서 x^4의 계수는? [2점]

① 240   ② 270   ③ 300

④ 330   ⑤ 360

→ **218** 2023학년도 수능(홀) 23번

다항식 $(x^3+3)^5$의 전개식에서 x^9의 계수는? [2점]

① 30   ② 60   ③ 90

④ 120   ⑤ 150

219 2015학년도 수능(홀) A형 7번

다항식 $(x+a)^6$의 전개식에서 x^4의 계수가 60일 때, 양수 a의 값은? [3점]

① 1   ② 2   ③ 3

④ 4   ⑤ 5

→ **220** 2021년 4월 교육청 24번

다항식 $(x+2a)^5$의 전개식에서 x^3의 계수가 640일 때, 양수 a의 값은? [3점]

① 3   ② 4   ③ 5

④ 6   ⑤ 7

221 2024년 5월 교육청 24번

다항식 $(ax^2+1)^6$의 전개식에서 x^4의 계수가 30일 때, 양수 a의 값은? [3점]

① 1   ② $\sqrt{2}$ ③ $\sqrt{3}$

④ 2   ⑤ $\sqrt{5}$

➜ 222 2013학년도 9월 평가원 나형 24번

다항식 $(1+ax)^5$의 전개식에서 x^2의 계수가 1440일 때, 양수 a의 값을 구하시오. [3점]

223 2010학년도 수능(홀) 나형 19번

다항식 $(1+x)^n$의 전개식에서 x^2의 계수가 45일 때, 자연수 n의 값을 구하시오. [3점]

➜ 224 2008학년도 6월 평가원 나형 20번

다항식 $(x-1)^n$의 전개식에서 x의 계수가 -12일 때, n의 값을 구하시오. [3점]

225 2022년 4월 교육청 24번

3 이상의 자연수 n에 대하여 다항식 $(x+2)^n$의 전개식에서 x^2의 계수와 x^3의 계수가 같을 때, n의 값은? [3점]

① 7   ② 8   ③ 9

④ 10   ⑤ 11

→ 226 2011년 9월 평가원 나형 27번

다항식 $(x+a)^5$의 전개식에서 x^3의 계수와 x^4의 계수가 같을 때, $60a$의 값을 구하시오. (단, a는 양수이다.) [4점]

227 2019학년도 9월 평가원 가형 8번

다항식 $(x+2)^{19}$의 전개식에서 x^k의 계수가 x^{k+1}의 계수보다 크게 되는 자연수 k의 최솟값은? [3점]

① 4   ② 5   ③ 6

④ 7   ⑤ 8

→ 228 2010년 3월 교육청 가형 26번

$(x+a)^{10}$의 전개식에서 세 항 x, x^2, x^4의 계수가 이 순서로 등비수열을 이룰 때, 상수 a의 값은? (단, $a \neq 0$) [3점]

① $\dfrac{28}{27}$ ② $\dfrac{27}{26}$ ③ $\dfrac{26}{25}$

④ $\dfrac{25}{24}$ ⑤ $\dfrac{24}{23}$

유형 02 이항정리와 $\left(ax+\dfrac{b}{x}\right)^n$ 의 전개식

229 2021학년도 수능(홀) 가형 22번

$\left(x+\dfrac{3}{x^2}\right)^5$의 전개식에서 x^2의 계수를 구하시오. [3점]

→ 230 2020년 7월 교육청 가형 23번

$\left(x^2+\dfrac{2}{x}\right)^6$의 전개식에서 x^6의 계수를 구하시오. [3점]

231 2018년 4월 교육청 가형 10번

$\left(\dfrac{x}{2}+\dfrac{a}{x}\right)^6$의 전개식에서 x^2의 계수가 15일 때, 양수 a의 값은? [3점]

① 4   ② 5   ③ 6
④ 7   ⑤ 8

→ 232 2020년 10월 교육청 가형 5번

$\left(2x+\dfrac{a}{x}\right)^7$의 전개식에서 x^3의 계수가 42일 때, 양수 a의 값은? [3점]

① $\dfrac{1}{4}$ ② $\dfrac{1}{2}$ ③ $\dfrac{3}{4}$

④ 1   ⑤ $\dfrac{5}{4}$

233 2015학년도 6월 평가원 B형 23번

$\left(ax+\dfrac{1}{x}\right)^4$의 전개식에서 상수항이 54일 때, 양수 a의 값을 구하시오. [3점]

→ 234 2018학년도 사관학교 나형 25번

$\left(x^n+\dfrac{1}{x}\right)^{10}$의 전개식에서 상수항이 45일 때, 자연수 n의 값을 구하시오. [3점]

235

양수 a에 대하여 $\left(ax-\dfrac{2}{ax}\right)^7$의 전개식에서 각 항의 계수의

총합이 1일 때, $\dfrac{1}{x}$의 계수는? [3점]

① 70   ② 140   ③ 210

④ 280   ⑤ 350

236

$\left(x^2+\dfrac{a}{x}\right)^5$의 전개식에서 $\dfrac{1}{x^2}$의 계수와 x의 계수가 같을 때,

양수 a의 값은? [3점]

① 1   ② 2   ③ 3

④ 4   ⑤ 5

237

$\left(x^3+\dfrac{1}{x}\right)^{n+1}$의 전개식에서 $\dfrac{1}{x^{n-7}}$의 계수를 a_n이라 할 때,

$\displaystyle\sum_{n=1}^{15}\dfrac{1}{a_n}$의 값은? [3점]

① $\dfrac{15}{4}$ ② $\dfrac{15}{8}$ ③ $\dfrac{15}{16}$

④ $\dfrac{30}{7}$ ⑤ $\dfrac{30}{13}$

238

$\left(x+\dfrac{1}{x}\right)^2+\left(x+\dfrac{1}{x}\right)^3+\left(x+\dfrac{1}{x}\right)^4+\left(x+\dfrac{1}{x}\right)^5+\left(x+\dfrac{1}{x}\right)^6$을

전개한 식에서 x^2항의 계수는? [4점]

① 16   ② 20   ③ 24

④ 28   ⑤ 32

유형 03 이항정리와 $(a+b)^p(c+d)^q$의 전개식

239 2022년 10월 교육청 24번

다항식 $(x^2+1)(x-2)^5$의 전개식에서 x^6의 계수는? [3점]

① -10 ② -8 ③ -6

④ -4 ⑤ -2

→ **240** 2019학년도 6월 평가원 나형 26번

다항식 $(1+2x)(1+x)^5$의 전개식에서 x^4의 계수를 구하시오. [4점]

241 2024학년도 6월 평가원 26번

다항식 $(x-1)^6(2x+1)^7$의 전개식에서 x^2의 계수는? [3점]

① 15 ② 20 ③ 25

④ 30 ⑤ 35

→ **242** 2020학년도 9월 평가원 가형 7번

다항식 $(2+x)^4(1+3x)^3$의 전개식에서 x의 계수는? [3점]

① 174 ② 176 ③ 178

④ 180 ⑤ 182

243 2020년 4월 교육청 가형 11번

$\left(x^2-\dfrac{1}{x}\right)^2(x-2)^5$의 전개식에서 x의 계수는? [3점]

① 88   ② 92   ③ 96

④ 100   ⑤ 104

244 2020학년도 6월 평가원 나형 14번

$\left(x^2-\dfrac{1}{x}\right)\left(x+\dfrac{a}{x^2}\right)^4$의 전개식에서 x^3의 계수가 7일 때, 상수 a의 값은? [4점]

① 1   ② 2   ③ 3

④ 4   ⑤ 5

245 2009학년도 9월 평가원 나형 21번

다항식 $(1-x)^4(2-x)^3$의 전개식에서 x^2의 계수를 구하시오. [3점]

246 2023학년도 6월 평가원 26번

다항식 $(x^2+1)^4(x^3+1)^n$의 전개식에서 x^5의 계수가 12일 때, x^6의 계수는? (단, n은 자연수이다.) [3점]

① 6   ② 7   ③ 8

④ 9   ⑤ 10

247 2021년 4월 교육청 27번

자연수 n에 대하여 $f(n)=\sum_{k=1}^{n} {}_{2n+1}C_{2k}$일 때, $f(n)=1023$을 만족시키는 n의 값은? [3점]

① 3   ② 4   ③ 5

④ 6   ⑤ 7

→ **248** 2006학년도 9월 평가원 가형 25번

자연수 n에 대하여

$$f(n)=\sum_{k=1}^{n}\left({}_{2k}C_1+{}_{2k}C_3+{}_{2k}C_5+\cdots+{}_{2k}C_{2k-1}\right)$$

일 때, $f(5)$의 값을 구하시오. [4점]

249 2007년 5월 교육청 가형 20번

$\log_2\left({}_{100}C_0+{}_{100}C_1+{}_{100}C_2+\cdots+{}_{100}C_{100}\right)$의 값을 구하시오.

[3점]

→ **250** 2010학년도 6월 평가원 나형 23번

50 이하의 자연수 n 중에서 $\sum_{k=1}^{n} {}_nC_k$의 값이 3의 배수가 되도록 하는 n의 개수를 구하시오. [4점]

유형 05 파스칼의 삼각형의 성질

251 2007년 7월 교육청 나형 16번

그림과 같은 수의 배열을 파스칼의 삼각형이라고 한다. 어두운 부분의 모든 수들의 합은? [3점]

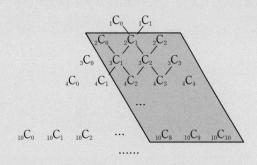

① 224   ② 226   ③ 228
④ 230   ⑤ 232

→ **252** 2013학년도 경찰대학 15번

다음 다항식에서 x^{22}의 계수는?

$$(x+1)^{24}+x(x+1)^{23}+x^2(x+1)^{22}+ \cdots +x^{22}(x+1)^2$$

① 1520   ② 1760   ③ 2020
④ 2240   ⑤ 2300

유형 06 이항정리의 활용

253 2019년 4월 교육청 14번

집합 $A=\{x \mid x$는 25 이하의 자연수$\}$의 부분집합 중 두 원소 1, 2를 모두 포함하고 원소의 개수가 홀수인 부분집합의 개수는? [4점]

① 2^{18} ② 2^{19} ③ 2^{20}
④ 2^{21} ⑤ 2^{22}

→ **254** 2010학년도 6월 평가원 가형 30번

빨간색, 파란색, 노란색 색연필이 있다. 각 색의 색연필을 적어도 하나씩 포함하여 15개 이하의 색연필을 선택하는 방법의 수를 구하시오. (단, 각 색의 색연필은 15개 이상씩 있고, 같은 색의 색연필은 서로 구별이 되지 않는다.) [4점]

255 2005년 10월 교육청 28번

다음을 이용하여 $({}_{12}\text{C}_0)^2 + ({}_{12}\text{C}_1)^2 + ({}_{12}\text{C}_2)^2 + \cdots + ({}_{12}\text{C}_{12})^2$ 을 간단히 하면? [4점]

> Ⅰ. $(1+x)^{24} = (1+x)^{12}(1+x)^{12}$
>
> Ⅱ. ${}_n\text{C}_r = {}_n\text{C}_{n-r}$ (n은 자연수, r는 정수, $0 \le r \le n$)

① 2^{12}　　　② ${}_{24}\text{P}_{12}$　　　③ ${}_{24}\text{C}_{12}$

④ $({}_{24}\text{P}_{12})^2$　　　⑤ $({}_{24}\text{C}_{12})^2$

256 2006학년도 수능(홀) 나형 30번

다항식 $2(x+a)^n$의 전개식에서 x^{n-1}의 계수와 다항식 $(x-1)(x+a)^n$의 전개식에서 x^{n-1}의 계수가 같게 되는 모든 순서쌍 (a, n)에 대하여 an의 최댓값을 구하시오.

(단, a는 자연수이고, n은 $n \ge 2$인 자연수이다.) [4점]

04

확률의 뜻과 활용

실전 개념 1 시행과 사건

(1) **시행**: 같은 조건에서 반복할 수 있고 그 결과가 우연에 의하여 결정되는 실험이나 관찰
(2) **표본공간**: 어떤 시행에서 일어날 수 있는 모든 결과의 집합
(3) **사건**: 표본공간의 부분집합
(4) **근원사건**: 한 개의 원소로 이루어진 사건

실전 개념 2 확률 > 유형 01 ~ 05

(1) **확률**: 어떤 시행에서 사건 A가 일어날 가능성을 수로 나타낸 것을 사건 A의 확률이라 하고, 기호 $\mathrm{P}(A)$로 나타낸다.
(2) **수학적 확률**: 표본공간이 S인 어떤 시행에서 각 근원사건이 일어날 가능성이 모두 같은 정도로 기대될 때, 사건 A의 확률 $\mathrm{P}(A)$를

$$\mathrm{P}(A)=\frac{n(A)}{n(S)}=\frac{\text{(사건 }A\text{가 일어나는 경우의 수)}}{\text{(일어날 수 있는 모든 경우의 수)}}$$

로 정의하고, 이것을 사건 A의 수학적 확률이라 한다.
(3) **통계적 확률**: 어떤 시행을 n번 반복할 때 사건 A가 일어난 횟수 r_n에 대하여 n이 충분히 커짐에 따라 상대도수 $\dfrac{r_n}{n}$이 일정한 값 p에 가까워지면 이 값 p를 사건 A의 통계적 확률이라 한다.

실전 개념 3 확률의 기본 성질

표본공간이 S인 어떤 시행에서
(1) 임의의 사건 A에 대하여 $0 \leq \mathrm{P}(A) \leq 1$
(2) 반드시 일어나는 사건 S에 대하여 $\mathrm{P}(S)=1$
(3) 절대로 일어나지 않는 사건 $\varnothing$에 대하여 $\mathrm{P}(\varnothing)=0$

실전 개념 4 확률의 덧셈정리 > 유형 06, 07

표본공간이 S인 두 사건 A, B에 대하여
(1) 사건 A 또는 사건 B가 일어날 확률은 ┌ A와 B가 동시에 일어나는 사건 (곱사건)
$$\mathrm{P}(A \cup B)=\mathrm{P}(A)+\mathrm{P}(B)-\mathrm{P}(A \cap B)$$
└ A 또는 B가 일어나는 사건 (합사건)
(2) 두 사건 A, B가 서로 배반사건이면
$$\mathrm{P}(A \cup B)=\mathrm{P}(A)+\mathrm{P}(B)$$
A와 B가 동시에 일어나지 않는 경우

실전 개념 5 여사건의 확률 > 유형 08, 09

표본공간이 S인 사건 A와 그 여사건 A^C에 대하여
$$\mathrm{P}(A^C)=1-\mathrm{P}(A)$$
└ A가 일어나지 않는 사건

257 2020학년도 수능(홀) 가형 6번

흰 공 3개, 검은 공 4개가 들어 있는 주머니가 있다. 이 주머니에서 임의로 네 개의 공을 동시에 꺼낼 때, 흰 공 2개와 검은 공 2개가 나올 확률은? [3점]

① $\dfrac{2}{5}$ ② $\dfrac{16}{35}$ ③ $\dfrac{18}{35}$

④ $\dfrac{4}{7}$ ⑤ $\dfrac{22}{35}$

258 2017학년도 9월 평가원 가형 24번 / 나형 26번

흰 공 2개, 빨간 공 4개가 들어 있는 주머니가 있다. 이 주머니에서 임의로 2개의 공을 동시에 꺼낼 때, 꺼낸 2개의 공이 모두 흰 공일 확률이 $\dfrac{q}{p}$이다. $p+q$의 값을 구하시오.

(단, p와 q는 서로소인 자연수이다.) [3점]

259 2017년 10월 교육청 가형 9번

일렬로 나열된 6개의 좌석에 세 쌍의 부부가 임의로 앉을 때, 부부끼리 서로 이웃하여 앉을 확률은? [3점]

① $\dfrac{1}{15}$ ② $\dfrac{2}{15}$ ③ $\dfrac{1}{5}$

④ $\dfrac{4}{15}$ ⑤ $\dfrac{1}{3}$

260 2018학년도 9월 평가원 가형 10번 / 나형 15번

A, A, A, B, B, C의 문자가 하나씩 적혀 있는 6장의 카드가 있다. 이 카드를 모두 한 번씩 사용하여 일렬로 임의로 나열할 때, 양 끝 모두에 A가 적힌 카드가 나오게 나열될 확률은?

[3점]

① $\dfrac{3}{20}$ ② $\dfrac{1}{5}$ ③ $\dfrac{1}{4}$

④ $\dfrac{3}{10}$ ⑤ $\dfrac{7}{20}$

261 2018년 7월 교육청 가형 6번

A, B를 포함한 6명이 원형의 탁자에 일정한 간격을 두고 앉을 때, A, B가 이웃하여 앉을 확률은?

(단, 회전하여 일치하는 것은 같은 것으로 본다.) [3점]

① $\dfrac{1}{5}$ ② $\dfrac{3}{10}$ ③ $\dfrac{2}{5}$

④ $\dfrac{1}{2}$ ⑤ $\dfrac{3}{5}$

262 2013년 10월 교육청 A형 25번

주머니 속에 '대', '한', '민', '국'의 글자가 각각 하나씩 적힌 4장의 카드가 있다. 이 중에서 임의로 2장의 카드를 꺼낼 때, 카드에 적힌 글자가 '한'과 '국'일 확률은 $\dfrac{q}{p}$이다. $10p+q$의 값을 구하시오. (단, p와 q는 서로소인 자연수이다.) [3점]

263 2017학년도 9월 평가원 나형 7번

두 사건 A, B에 대하여

$$\mathrm{P}(A)+\mathrm{P}(B)=\frac{7}{9},\ \mathrm{P}(A\cap B)=\frac{2}{9}$$

일 때, $\mathrm{P}(A\cup B)$의 값은? [3점]

① $\dfrac{1}{3}$ ② $\dfrac{7}{18}$ ③ $\dfrac{4}{9}$

④ $\dfrac{1}{2}$ ⑤ $\dfrac{5}{9}$

264 2021학년도 6월 평가원 나형 6번

두 사건 A, B에 대하여

$$\mathrm{P}(A\cup B)=1,\ \mathrm{P}(B)=\frac{1}{3},\ \mathrm{P}(A\cap B)=\frac{1}{6}$$

일 때, $\mathrm{P}(A^c)$의 값은? (단, A^c은 A의 여사건이다.) [3점]

① $\dfrac{1}{3}$ ② $\dfrac{1}{4}$ ③ $\dfrac{1}{5}$

④ $\dfrac{1}{6}$ ⑤ $\dfrac{1}{7}$

265 2017년 10월 교육청 나형 11번

A, B를 포함한 8명의 요리 동아리 회원 중에서 요리 박람회에 참가할 5명의 회원을 임의로 뽑을 때, A 또는 B가 뽑힐 확률은? [3점]

① $\dfrac{17}{28}$ ② $\dfrac{19}{28}$ ③ $\dfrac{3}{4}$

④ $\dfrac{23}{28}$ ⑤ $\dfrac{25}{28}$

266 2020학년도 6월 평가원 나형 10번

검은 공 3개, 흰 공 4개가 들어 있는 주머니가 있다. 이 주머니에서 임의로 3개의 공을 동시에 꺼낼 때, 꺼낸 3개의 공 중에서 적어도 한 개가 검은 공일 확률은? [3점]

① $\dfrac{19}{35}$ ② $\dfrac{22}{35}$ ③ $\dfrac{5}{7}$

④ $\dfrac{4}{5}$ ⑤ $\dfrac{31}{35}$

유형 01 수학적 확률 [1]

267 2022학년도 9월 평가원 24번

네 개의 수 1, 3, 5, 7 중에서 임의로 선택한 한 개의 수를 a라 하고, 네 개의 수 2, 4, 6, 8 중에서 임의로 선택한 한 개의 수를 b라 하자. $a \times b > 31$일 확률은? [3점]

① $\frac{1}{16}$ ② $\frac{1}{8}$ ③ $\frac{3}{16}$

④ $\frac{1}{4}$ ⑤ $\frac{5}{16}$

→ 268 2021학년도 9월 평가원 나형 8번

네 개의 수 1, 3, 5, 7 중에서 임의로 선택한 한 개의 수를 a라 하고, 네 개의 수 4, 6, 8, 10 중에서 임의로 선택한 한 개의 수를 b라 하자. $1 < \dfrac{b}{a} < 4$일 확률은? [3점]

① $\frac{1}{2}$ ② $\frac{9}{16}$ ③ $\frac{5}{8}$

④ $\frac{11}{16}$ ⑤ $\frac{3}{4}$

269 2013학년도 9월 평가원 나형 12번

주머니 안에 1, 2, 3, 4의 숫자가 하나씩 적혀 있는 4장의 카드가 있다. 주머니에서 갑이 2장의 카드를 임의로 뽑고 을이 남은 2장의 카드 중에서 1장의 카드를 임의로 뽑을 때, 갑이 뽑은 2장의 카드에 적힌 수의 곱이 을이 뽑은 카드에 적힌 수보다 작을 확률은? [3점]

① $\frac{1}{12}$ ② $\frac{1}{6}$ ③ $\frac{1}{4}$

④ $\frac{1}{3}$ ⑤ $\frac{5}{12}$

→ 270 2023학년도 6월 평가원 24번

주머니 A에는 1부터 3까지의 자연수가 하나씩 적혀 있는 3장의 카드가 들어 있고, 주머니 B에는 1부터 5까지의 자연수가 하나씩 적혀 있는 5장의 카드가 들어 있다. 두 주머니 A, B에서 각각 카드를 임의로 한 장씩 꺼낼 때, 꺼낸 두 장의 카드에 적힌 수의 차가 1일 확률은? [3점]

① $\frac{1}{3}$ ② $\frac{2}{5}$ ③ $\frac{7}{15}$

④ $\frac{8}{15}$ ⑤ $\frac{3}{5}$

A

B

271 2017학년도 6월 평가원 가형 14번

한 개의 주사위를 두 번 던질 때 나오는 눈의 수를 차례로 a, b라 하자. 이차함수 $f(x)=x^2-7x+10$에 대하여 $f(a)f(b)<0$이 성립할 확률은? [4점]

① $\dfrac{1}{18}$　　　② $\dfrac{1}{9}$　　　③ $\dfrac{1}{6}$

④ $\dfrac{2}{9}$　　　⑤ $\dfrac{5}{18}$

→ **272** 2008학년도 6월 평가원 가형 10번

1부터 10까지의 자연수가 하나씩 적힌 10개의 구슬이 들어 있는 주머니가 있다. 이 주머니에서 임의로 한 개의 구슬을 꺼내어 그 구슬에 적힌 수를 m이라 할 때, 직선 $y=m$과 포물선 $y=-x^2+5x-\dfrac{3}{4}$이 만나도록 하는 수가 적힌 구슬을 꺼낼 확률은? [4점]

① $\dfrac{1}{5}$　　　② $\dfrac{3}{10}$　　　③ $\dfrac{2}{5}$

④ $\dfrac{1}{2}$　　　⑤ $\dfrac{3}{5}$

273 2019학년도 6월 평가원 나형 19번

한 개의 주사위를 세 번 던질 때 나오는 눈의 수를 차례로 a, b, c라 하자. 세 수 a, b, c가 $a<b-2\le c$를 만족시킬 확률은? [4점]

① $\dfrac{2}{27}$　　　② $\dfrac{1}{12}$　　　③ $\dfrac{5}{54}$

④ $\dfrac{11}{108}$　　　⑤ $\dfrac{1}{9}$

→ **274** 2022년 10월 교육청 27번

1부터 10까지의 자연수가 하나씩 적혀 있는 10장의 카드가 들어 있는 주머니가 있다. 이 주머니에서 임의로 카드 4장을 동시에 꺼내어 카드에 적혀 있는 수를 작은 수부터 크기 순서대로 a_1, a_2, a_3, a_4라 하자. $a_1 \times a_2$의 값이 홀수이고, $a_3+a_4 \ge 16$일 확률은? [3점]

① $\dfrac{1}{14}$　　　② $\dfrac{3}{35}$　　　③ $\dfrac{1}{10}$

④ $\dfrac{4}{35}$　　　⑤ $\dfrac{9}{70}$

275 2009년 6월 교육청 11번 (고1)

그림은 1부터 12까지의 숫자가 적혀 있고, 해당 숫자의 구멍에 깃발을 꽂을 수 있도록 만든 원판이다.

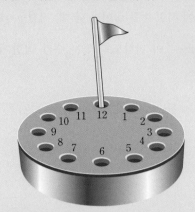

현재 이 원판의 숫자 12에 깃발이 꽂혀 있고, 서로 다른 두 개의 주사위를 한 번 던져 나온 눈의 수의 곱만큼 시계 방향으로 한 칸씩 이동하여 깃발을 꽂으려고 한다. 예를 들어, 두 수의 곱이 20이면 깃발은 숫자 8에 꽂힌다. 이와 같은 방법으로 서로 다른 두 개의 주사위를 한 번 던질 때, 깃발이 숫자 6에 꽂힐 확률은? [3점]

① $\dfrac{1}{9}$　　　② $\dfrac{2}{9}$　　　③ $\dfrac{1}{3}$

④ $\dfrac{1}{2}$　　　⑤ $\dfrac{2}{3}$

→ **276** 2007년 5월 교육청 가형 29번

그림과 같이 균등하게 8개의 영역으로 나누어진 원판에 1부터 8까지의 자연수가 적혀 있다. 이 원판을 회전시킨 후 화살을 2번 쏘았을 때, 화살이 꽂힌 영역의 두 수의 차가 2보다 클 확률은? (단, 화살은 반드시 원판 내부에 꽂히며, 경계선에 꽂힌 것은 고려하지 않는다.) [4점]

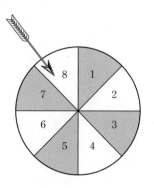

① $\dfrac{7}{16}$　　　② $\dfrac{15}{32}$　　　③ $\dfrac{1}{2}$

④ $\dfrac{17}{32}$　　　⑤ $\dfrac{9}{16}$

277 2019학년도 6월 평가원 가형 18번

좌표평면 위에 두 점 $A(0, 4)$, $B(0, -4)$가 있다. 한 개의 주사위를 두 번 던질 때 나오는 눈의 수를 차례로 m, n이라 하자. 점 $C\left(m\cos\dfrac{n\pi}{3}, m\sin\dfrac{n\pi}{3}\right)$에 대하여 삼각형 ABC의 넓이가 12보다 작을 확률은? [4점]

① $\dfrac{1}{2}$ ② $\dfrac{5}{9}$ ③ $\dfrac{11}{18}$

④ $\dfrac{2}{3}$ ⑤ $\dfrac{13}{18}$

→ **278** 2009학년도 수능(홀) 나형 22번

주사위를 두 번 던질 때, 나오는 눈의 수를 차례로 m, n이라 하자. $i^m \times (-i)^n$의 값이 1이 될 확률이 $\dfrac{q}{p}$일 때, $p+q$의 값을 구하시오. (단, $i=\sqrt{-1}$이고 p, q는 서로소인 자연수이다.)

[4점]

279 2021학년도 수능(홀) 가형 9번

문자 A, B, C, D, E가 하나씩 적혀 있는 5장의 카드와 숫자 1, 2, 3, 4가 하나씩 적혀 있는 4장의 카드가 있다. 이 9장의 카드를 모두 한 번씩 사용하여 일렬로 임의로 나열할 때, 문자 A가 적혀 있는 카드의 바로 양옆에 각각 숫자가 적혀 있는 카드가 놓일 확률은? [3점]

① $\dfrac{5}{12}$ 　　② $\dfrac{1}{3}$ 　　③ $\dfrac{1}{4}$

④ $\dfrac{1}{6}$ 　　⑤ $\dfrac{1}{12}$

→ **280** 2021학년도 6월 평가원 가형 17번

숫자 1, 2, 3, 4, 5, 6, 7이 하나씩 적혀 있는 7장의 카드가 있다. 이 7장의 카드를 모두 한 번씩 사용하여 일렬로 임의로 나열할 때, 다음 조건을 만족시킬 확률은? [4점]

> ㈎ 4가 적혀 있는 카드의 바로 양옆에는 각각 4보다 큰 수가 적혀 있는 카드가 있다.
>
> ㈏ 5가 적혀 있는 카드의 바로 양옆에는 각각 5보다 작은 수가 적혀 있는 카드가 있다.

① $\dfrac{1}{28}$ 　　② $\dfrac{1}{14}$ 　　③ $\dfrac{3}{28}$

④ $\dfrac{1}{7}$ 　　⑤ $\dfrac{5}{28}$

281 2013년 7월 교육청 B형 17번

그림과 같이 15개의 자리가 있는 일자형의 놀이기구에 5명이 타려고 할 때, 5명이 어느 누구와도 서로 이웃하지 않게 탈 확률은? [4점]

① $\dfrac{1}{26}$ 　　② $\dfrac{1}{13}$ 　　③ $\dfrac{3}{26}$

④ $\dfrac{2}{13}$ 　　⑤ $\dfrac{5}{26}$

→ **282** 2011학년도 수능(홀) 나형 17번

한국, 중국, 일본 학생이 2명씩 있다. 이 6명이 그림과 같이 좌석 번호가 지정된 6개의 좌석 중 임의로 1개씩 선택하여 앉을 때, 같은 나라의 두 학생끼리는 좌석 번호의 차가 1 또는 10이 되도록 앉게 될 확률은? [4점]

11	12	13

21	22	23

① $\dfrac{1}{20}$ 　　② $\dfrac{1}{10}$ 　　③ $\dfrac{3}{20}$

④ $\dfrac{1}{5}$ 　　⑤ $\dfrac{1}{4}$

유형 03 수학적 확률 [3]; 중복순열을 이용하는 경우

283 2020학년도 6월 평가원 가형 14번

한 개의 주사위를 세 번 던져서 나오는 눈의 수를 차례로 a, b, c라 할 때, $a>b$이고 $a>c$일 확률은? [4점]

① $\dfrac{13}{54}$ ② $\dfrac{55}{216}$ ③ $\dfrac{29}{108}$

④ $\dfrac{61}{216}$ ⑤ $\dfrac{8}{27}$

→ 284 2022학년도 6월 평가원 25번

숫자 1, 2, 3, 4, 5 중에서 중복을 허락하여 4개를 택해 일렬로 나열하여 만들 수 있는 모든 네 자리의 자연수 중에서 임의로 하나의 수를 선택할 때, 선택한 수가 3500보다 클 확률은?

[3점]

① $\dfrac{9}{25}$ ② $\dfrac{2}{5}$ ③ $\dfrac{11}{25}$

④ $\dfrac{12}{25}$ ⑤ $\dfrac{13}{25}$

285 2007년 6월 교육청 29번 (고1)

집합 $A=\{x|-4\leq x\leq 4,\ x는 정수\}$의 부분집합 중에서 임의로 하나를 택할 때, 그 부분집합이 집합 $B=\{1,\ 2,\ 3,\ 4\}$와 서로소일 확률은 $\dfrac{b}{a}$이다. 이때, $a+b$의 값을 구하시오.

(단, a, b는 서로소인 자연수) [4점]

→ 286 2006년 3월 교육청 가형 13번

집합 $A=\{1,\ 2,\ 3,\ 4\}$가 있다. A의 부분집합 중에서 임의로 서로 다른 두 집합을 택하였을 때, 한 집합이 다른 집합의 부분집합이 될 확률은? [4점]

① $\dfrac{7}{12}$ ② $\dfrac{8}{15}$ ③ $\dfrac{11}{20}$

④ $\dfrac{13}{24}$ ⑤ $\dfrac{15}{28}$

287 2021학년도 수능(홀) 나형 8번

한 개의 주사위를 세 번 던져서 나오는 눈의 수를 차례로 a, b, c라 할 때, $a \times b \times c = 4$일 확률은? [3점]

① $\dfrac{1}{54}$　　　② $\dfrac{1}{36}$　　　③ $\dfrac{1}{27}$

④ $\dfrac{5}{108}$　　　⑤ $\dfrac{1}{18}$

→ 288 2020학년도 6월 평가원 나형 16번

한 개의 주사위를 네 번 던질 때 나오는 눈의 수를 차례로 a, b, c, d라 하자. 네 수 a, b, c, d의 곱 $a \times b \times c \times d$가 12일 확률은? [4점]

① $\dfrac{1}{36}$　　　② $\dfrac{5}{72}$　　　③ $\dfrac{1}{9}$

④ $\dfrac{11}{72}$　　　⑤ $\dfrac{7}{36}$

289 2020학년도 6월 평가원 가형 27번

숫자 1, 1, 2, 2, 3, 3이 하나씩 적혀 있는 6개의 공이 들어 있는 주머니가 있다. 이 주머니에서 한 개의 공을 임의로 꺼내어 공에 적힌 수를 확인한 후 다시 넣지 않는다. 이와 같은 시행을 6번 반복할 때, k $(1 \le k \le 6)$번째 꺼낸 공에 적힌 수를 a_k라 하자. 두 자연수 m, n을

$$m = a_1 \times 100 + a_2 \times 10 + a_3,$$
$$n = a_4 \times 100 + a_5 \times 10 + a_6$$

이라 할 때, $m > n$일 확률은 $\dfrac{q}{p}$이다. $p+q$의 값을 구하시오.

(단, p와 q는 서로소인 자연수이다.) [4점]

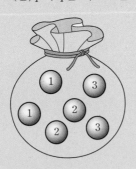

→ 290 2016학년도 9월 평가원 B형 15번

주머니에 1, 1, 2, 3, 4의 숫자가 하나씩 적혀 있는 5개의 공이 들어 있다. 이 주머니에서 임의로 4개의 공을 동시에 꺼내어 임의로 일렬로 나열하고, 나열된 순서대로 공에 적혀 있는 수를 a, b, c, d라 할 때, $a \le b \le c \le d$일 확률은? [4점]

① $\dfrac{1}{15}$　　　② $\dfrac{1}{12}$　　　③ $\dfrac{1}{9}$

④ $\dfrac{1}{6}$　　　⑤ $\dfrac{1}{3}$

유형 05 수학적 확률 [5]: 조합을 이용하는 경우

291 2012년 7월 교육청 가형 18번

1부터 9까지의 자연수가 하나씩 적혀 있는 9개의 공이 들어 있는 주머니가 있다. 이 주머니에서 임의로 3개의 공을 동시에 꺼낼 때, 꺼낸 공에 적혀 있는 세 수의 합이 짝수일 확률은? [4점]

① $\dfrac{5}{14}$ ② $\dfrac{8}{21}$ ③ $\dfrac{3}{7}$

④ $\dfrac{10}{21}$ ⑤ $\dfrac{11}{21}$

292 2017년 7월 교육청 나형 13번

흰 공 6개와 빨간 공 4개가 들어 있는 주머니가 있다. 이 주머니에서 임의로 4개의 공을 동시에 꺼낼 때, 꺼낸 4개의 공 중 흰 공의 개수가 3 이상일 확률은? [3점]

① $\dfrac{17}{42}$ ② $\dfrac{19}{42}$ ③ $\dfrac{1}{2}$

④ $\dfrac{23}{42}$ ⑤ $\dfrac{25}{42}$

293 2011년 10월 교육청 나형 8번

주머니 속에 n개의 흰 바둑돌과 3개의 검은 바둑돌이 있다. 이 주머니에서 임의로 2개의 바둑돌을 동시에 꺼낼 때, 2개 모두 검은 바둑돌일 확률이 $\dfrac{1}{12}$이다. 이때, 자연수 n의 값은?

[3점]

① 4   ② 5   ③ 6

④ 7   ⑤ 8

294 2025학년도 6월 평가원 29번

40개의 공이 들어 있는 주머니가 있다. 각각의 공은 흰 공 또는 검은 공 중 하나이다. 이 주머니에서 임의로 2개의 공을 동시에 꺼낼 때, 흰 공 2개를 꺼낼 확률을 p, 흰 공 1개와 검은 공 1개를 꺼낼 확률을 q, 검은 공 2개를 꺼낼 확률을 r라 하자. $p=q$일 때, $60r$의 값을 구하시오. (단, $p>0$) [4점]

두 주머니 A와 B에는 숫자 1, 2, 3, 4가 하나씩 적혀 있는 4 장의 카드가 각각 들어 있다. 갑은 주머니 A에서, 을은 주머니 B에서 각자 임의로 두 장의 카드를 꺼내어 가진다. 갑이 가진 두 장의 카드에 적힌 수의 합과 을이 가진 두 장의 카드에 적힌 수의 합이 같을 확률은 $\dfrac{q}{p}$이다. $p+q$의 값을 구하시오. (단, p, q는 서로소인 자연수이다.) [4점]

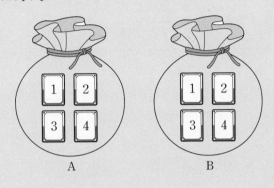

주머니에 1부터 10까지의 자연수가 하나씩 적혀 있는 10개의 공이 들어 있다. 이 주머니에서 임의로 5개의 공을 동시에 꺼낼 때 꺼낸 공에 적혀 있는 자연수 중 연속된 자연수의 최대 개수가 3인 사건을 A라 하자. 예를 들어 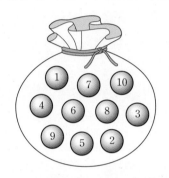은 연속된 자연수의 최대 개수가 3이므로 사건 A에 속하고,

은 연속된 자연수의 최대 개수가 2이므로 사건 A에 속하지 않는다. 사건 A가 일어날 확률은? [4점]

① $\dfrac{1}{6}$ ② $\dfrac{3}{14}$ ③ $\dfrac{11}{42}$

④ $\dfrac{13}{42}$ ⑤ $\dfrac{5}{14}$

297 2020년 10월 교육청 가형 16번

집합 $\{x \mid x$는 10 이하의 자연수$\}$의 원소의 개수가 4인 부분집합 중 임의로 하나의 집합을 택하여 X라 할 때, 집합 X가 다음 조건을 만족시킬 확률은? [4점]

> 집합 X의 서로 다른 세 원소의 합은 항상 3의 배수가 아니다.

① $\dfrac{3}{14}$ ② $\dfrac{2}{7}$ ③ $\dfrac{5}{14}$

④ $\dfrac{3}{7}$ ⑤ $\dfrac{1}{2}$

➡ **298** 2024학년도 6월 평가원 30번

주머니에 숫자 1, 2, 3, 4가 하나씩 적혀 있는 흰 공 4개와 숫자 4, 5, 6, 7이 하나씩 적혀 있는 검은 공 4개가 들어 있다. 이 주머니를 사용하여 다음 규칙에 따라 점수를 얻는 시행을 한다.

> 주머니에서 임의로 2개의 공을 동시에 꺼내어
> 꺼낸 공이 서로 다른 색이면 12를 점수로 얻고,
> 꺼낸 공이 서로 같은 색이면 꺼낸 두 공에 적힌 수의 곱을 점수로 얻는다.

이 시행을 한 번 하여 얻은 점수가 24 이하의 짝수일 확률이 $\dfrac{q}{p}$일 때, $p+q$의 값을 구하시오.

(단, p와 q는 서로소인 자연수이다.) [4점]

299 2016학년도 9월 평가원 A형 15번

두 사건 A, B에 대하여

$$P(A \cap B^c) = P(A^c \cap B) = \frac{1}{6}, \ P(A \cup B) = \frac{2}{3}$$

일 때, $P(A \cap B)$의 값은? (단, A^c은 A의 여사건이다.) [4점]

① $\dfrac{1}{12}$ ② $\dfrac{1}{6}$ ③ $\dfrac{1}{4}$

④ $\dfrac{1}{3}$ ⑤ $\dfrac{5}{12}$

→ **300** 2020년 7월 교육청 나형 5번

두 사건 A, B에 대하여

$$P(A) = \frac{7}{12}, \ P(A \cap B^c) = \frac{1}{6}$$

일 때, $P(A \cap B)$의 값은? (단, B^c은 B의 여사건이다.) [3점]

① $\dfrac{1}{12}$ ② $\dfrac{1}{6}$ ③ $\dfrac{1}{4}$

④ $\dfrac{1}{3}$ ⑤ $\dfrac{5}{12}$

301 2024학년도 6월 평가원 24번

두 사건 A, B에 대하여

$$P(A \cap B^c) = \frac{1}{9}, \ P(B^c) = \frac{7}{18}$$

일 때, $P(A \cup B)$의 값은? (단, B^c은 B의 여사건이다.) [3점]

① $\dfrac{5}{9}$ ② $\dfrac{11}{18}$ ③ $\dfrac{2}{3}$

④ $\dfrac{13}{18}$ ⑤ $\dfrac{7}{9}$

→ **302** 2020학년도 수능(홀) 나형 5번

두 사건 A, B에 대하여

$$P(A^c) = \frac{2}{3}, \ P(A^c \cap B) = \frac{1}{4}$$

일 때, $P(A \cup B)$의 값은? (단, A^c은 A의 여사건이다.) [3점]

① $\dfrac{1}{2}$ ② $\dfrac{7}{12}$ ③ $\dfrac{2}{3}$

④ $\dfrac{3}{4}$ ⑤ $\dfrac{5}{6}$

303 2019년 10월 교육청 나형 4번

두 사건 A, B는 서로 배반이고

$$\mathrm{P}(A)=\frac{1}{6}, \ \mathrm{P}(B)=\frac{2}{3}$$

일 때, $\mathrm{P}(A^c \cap B)$의 값은? (단, A^c은 A의 여사건이다.) [3점]

① $\frac{1}{6}$ ② $\frac{1}{4}$ ③ $\frac{1}{3}$

④ $\frac{1}{2}$ ⑤ $\frac{2}{3}$

→ 304 2025학년도 6월 평가원 24번

두 사건 A, B는 서로 배반사건이고

$$\mathrm{P}(A^c)=\frac{5}{6}, \ \mathrm{P}(A \cup B)=\frac{3}{4}$$

일 때, $\mathrm{P}(B^c)$의 값은? [3점]

① $\frac{3}{8}$ ② $\frac{5}{12}$ ③ $\frac{11}{24}$

④ $\frac{1}{2}$ ⑤ $\frac{13}{24}$

305 2021년 10월 교육청 24번

두 사건 A와 B는 서로 배반사건이고

$$\mathrm{P}(A)=\frac{1}{3}, \ \mathrm{P}(A^c)\mathrm{P}(B)=\frac{1}{6}$$

일 때, $\mathrm{P}(A \cup B)$의 값은? (단, A^c은 A의 여사건이다.) [3점]

① $\frac{1}{2}$ ② $\frac{7}{12}$ ③ $\frac{2}{3}$

④ $\frac{3}{4}$ ⑤ $\frac{5}{6}$

→ 306 2023년 10월 교육청 24번

두 사건 A, B가 서로 배반사건이고

$$\mathrm{P}(A \cup B)=\frac{5}{6}, \ \mathrm{P}(A^c)=\frac{3}{4}$$

일 때, $\mathrm{P}(B)$의 값은? (단, A^c은 A의 여사건이다.) [3점]

① $\frac{1}{3}$ ② $\frac{5}{12}$ ③ $\frac{1}{2}$

④ $\frac{7}{12}$ ⑤ $\frac{2}{3}$

307 2022학년도 수능 예시문항 25번

두 사건 A, B에 대하여 A^c과 B는 서로 배반사건이고,

$$\mathrm{P}(A)=\frac{1}{2},\ \mathrm{P}(A\cap B^c)=\frac{2}{7}$$

일 때, $\mathrm{P}(B)$의 값은? (단, A^c은 A의 여사건이다.) [3점]

① $\dfrac{5}{28}$ ② $\dfrac{3}{14}$ ③ $\dfrac{1}{4}$

④ $\dfrac{2}{7}$ ⑤ $\dfrac{9}{28}$

→ 308 2019학년도 수능(홀) 가형 4번 / 나형 8번

두 사건 A, B에 대하여 A와 B^c은 서로 배반사건이고

$$\mathrm{P}(A)=\frac{1}{3},\ \mathrm{P}(A^c\cap B)=\frac{1}{6}$$

일 때, $\mathrm{P}(B)$의 값은? (단, A^c은 A의 여사건이다.) [3점]

① $\dfrac{5}{12}$ ② $\dfrac{1}{2}$ ③ $\dfrac{7}{12}$

④ $\dfrac{2}{3}$ ⑤ $\dfrac{3}{4}$

309 2024학년도 9월 평가원 25번

두 사건 A, B에 대하여 A와 B^c은 서로 배반사건이고

$$\mathrm{P}(A\cap B)=\frac{1}{5},\ \mathrm{P}(A)+\mathrm{P}(B)=\frac{7}{10}$$

일 때, $\mathrm{P}(A^c\cap B)$의 값은? (단, A^c은 A의 여사건이다.)

[3점]

① $\dfrac{1}{10}$ ② $\dfrac{1}{5}$ ③ $\dfrac{3}{10}$

④ $\dfrac{2}{5}$ ⑤ $\dfrac{1}{2}$

→ 310 2015학년도 수능(홀) B형 8번

두 사건 A, B에 대하여 A^c과 B는 서로 배반사건이고

$$\mathrm{P}(A)=2\mathrm{P}(B)=\frac{3}{5}$$

일 때, $\mathrm{P}(A\cap B^c)$의 값은? (단, A^c은 A의 여사건이다.)

[3점]

① $\dfrac{7}{20}$ ② $\dfrac{3}{10}$ ③ $\dfrac{1}{4}$

④ $\dfrac{1}{5}$ ⑤ $\dfrac{3}{20}$

유형 07 확률의 덧셈정리 [2]

311 2021학년도 6월 평가원 가형 13번 / 나형 16번

한 개의 주사위를 두 번 던져서 나오는 눈의 수를 차례로 a, b라 할 때, $|a-3|+|b-3|=2$이거나 $a=b$일 확률은? [3점]

① $\dfrac{1}{4}$　　② $\dfrac{1}{3}$　　③ $\dfrac{5}{12}$

④ $\dfrac{1}{2}$　　⑤ $\dfrac{7}{12}$

→ 312 2023학년도 9월 평가원 26번

세 학생 A, B, C를 포함한 7명의 학생이 원 모양의 탁자에 일정한 간격을 두고 임의로 모두 둘러앉을 때, A가 B 또는 C와 이웃하게 될 확률은? [3점]

① $\dfrac{1}{2}$　　② $\dfrac{3}{5}$　　③ $\dfrac{7}{10}$

④ $\dfrac{4}{5}$　　⑤ $\dfrac{9}{10}$

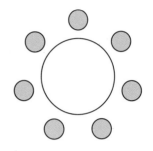

313 2025학년도 6월 평가원 26번

문자 a, b, c, d 중에서 중복을 허락하여 4개를 택해 일렬로 나열하여 만들 수 있는 모든 문자열 중에서 임의로 하나를 선택할 때, 문자 a가 한 개만 포함되거나 문자 b가 한 개만 포함된 문자열이 선택될 확률은? [3점]

① $\dfrac{5}{8}$　　② $\dfrac{41}{64}$　　③ $\dfrac{21}{32}$

④ $\dfrac{43}{64}$　　⑤ $\dfrac{11}{16}$

→ 314 2021학년도 9월 평가원 가형 17번

어느 고등학교에는 5개의 과학 동아리와 2개의 수학 동아리 A, B가 있다. 동아리 학술 발표회에서 이 7개 동아리가 모두 발표하도록 발표 순서를 임의로 정할 때, 수학 동아리 A가 수학 동아리 B보다 먼저 발표하는 순서로 정해지거나 두 수학 동아리의 발표 사이에는 2개의 과학 동아리만이 발표하는 순서로 정해질 확률은? (단, 발표는 한 동아리씩 하고, 각 동아리는 1회만 발표한다.) [4점]

① $\dfrac{4}{7}$　　② $\dfrac{7}{12}$　　③ $\dfrac{25}{42}$

④ $\dfrac{17}{28}$　　⑤ $\dfrac{13}{21}$

315 2023학년도 9월 평가원 28번

1부터 10까지의 자연수 중에서 임의로 서로 다른 3개의 수를 선택한다. 선택된 세 개의 수의 곱이 5의 배수이고 합은 3의 배수일 확률은? [4점]

① $\dfrac{3}{20}$ ② $\dfrac{1}{6}$ ③ $\dfrac{11}{60}$

④ $\dfrac{1}{5}$ ⑤ $\dfrac{13}{60}$

316 2023학년도 6월 평가원 28번

숫자 1, 2, 3, 4, 5 중에서 서로 다른 4개를 택해 일렬로 나열하여 만들 수 있는 모든 네 자리의 자연수 중에서 임의로 하나의 수를 택할 때, 택한 수가 5의 배수 또는 3500 이상일 확률은? [4점]

① $\dfrac{9}{20}$ ② $\dfrac{1}{2}$ ③ $\dfrac{11}{20}$

④ $\dfrac{3}{5}$ ⑤ $\dfrac{13}{20}$

317 2021학년도 6월 평가원 가형 19번

두 집합 $A = \{1, 2, 3, 4\}$, $B = \{1, 2, 3\}$에 대하여 A에서 B로의 모든 함수 f 중에서 임의로 하나를 선택할 때, 이 함수가 다음 조건을 만족시킬 확률은? [4점]

$f(1) \geq 2$이거나 함수 f의 치역은 B이다.

① $\dfrac{16}{27}$ ② $\dfrac{2}{3}$ ③ $\dfrac{20}{27}$

④ $\dfrac{22}{27}$ ⑤ $\dfrac{8}{9}$

318 2023학년도 수능(홀) 26번

주머니에 1이 적힌 흰 공 1개, 2가 적힌 흰 공 1개, 1이 적힌 검은 공 1개, 2가 적힌 검은 공 3개가 들어 있다. 이 주머니에서 임의로 3개의 공을 동시에 꺼내는 시행을 한다. 이 시행에서 꺼낸 3개의 공 중에서 흰 공이 1개이고 검은 공이 2개인 사건을 A, 꺼낸 3개의 공에 적혀 있는 수를 모두 곱한 값이 8인 사건을 B라 할 때, $P(A \cup B)$의 값은? [3점]

① $\dfrac{11}{20}$ ② $\dfrac{3}{5}$ ③ $\dfrac{13}{20}$

④ $\dfrac{7}{10}$ ⑤ $\dfrac{3}{4}$

유형 08 여사건의 확률 [1]

319 2023학년도 수능(홀) 25번

흰색 마스크 5개, 검은색 마스크 9개가 들어 있는 상자가 있다. 이 상자에서 임의로 3개의 마스크를 동시에 꺼낼 때, 꺼낸 3개의 마스크 중에서 적어도 한 개가 흰색 마스크일 확률은?

[3점]

① $\dfrac{8}{13}$ ② $\dfrac{17}{26}$ ③ $\dfrac{9}{13}$

④ $\dfrac{19}{26}$ ⑤ $\dfrac{10}{13}$

→ 320 2025학년도 수능(홀) 26번

어느 학급의 학생 16명을 대상으로 과목 A와 과목 B에 대한 선호도를 조사하였다. 이 조사에 참여한 학생은 과목 A와 과목 B 중 하나를 선택하였고, 과목 A를 선택한 학생은 9명, 과목 B를 선택한 학생은 7명이다. 이 조사에 참여한 학생 16명 중에서 임의로 3명을 선택할 때, 선택한 3명의 학생 중에서 적어도 한 명이 과목 B를 선택한 학생일 확률은? [3점]

① $\dfrac{3}{4}$ ② $\dfrac{4}{5}$ ③ $\dfrac{17}{20}$

④ $\dfrac{9}{10}$ ⑤ $\dfrac{19}{20}$

321 2022년 7월 교육청 25번

흰 공 4개, 검은 공 4개가 들어 있는 주머니가 있다. 이 주머니에서 임의로 4개의 공을 동시에 꺼낼 때, 꺼낸 공 중 검은 공이 2개 이상일 확률은? [3점]

① $\dfrac{7}{10}$ ② $\dfrac{51}{70}$ ③ $\dfrac{53}{70}$

④ $\dfrac{11}{14}$ ⑤ $\dfrac{57}{70}$

→ 322 2024학년도 6월 평가원 25번

흰색 손수건 4장, 검은색 손수건 5장이 들어 있는 상자가 있다. 이 상자에서 임의로 4장의 손수건을 동시에 꺼낼 때, 꺼낸 4장의 손수건 중에서 흰색 손수건이 2장 이상일 확률은? [3점]

① $\dfrac{1}{2}$ ② $\dfrac{4}{7}$ ③ $\dfrac{9}{14}$

④ $\dfrac{5}{7}$ ⑤ $\dfrac{11}{14}$

323 2021년 10월 교육청 26번

한 개의 주사위를 두 번 던져서 나오는 눈의 수를 차례로 a, b 라 할 때, 두 수 a, b의 최대공약수가 홀수일 확률은? [3점]

① $\dfrac{5}{12}$ ② $\dfrac{1}{2}$ ③ $\dfrac{7}{12}$

④ $\dfrac{2}{3}$ ⑤ $\dfrac{3}{4}$

324 2020학년도 9월 평가원 가형 10번

1부터 7까지의 자연수 중에서 임의로 서로 다른 3개의 수를 선택한다. 선택된 3개의 수의 곱을 a, 선택되지 않은 4개의 수의 곱을 b라 할 때, a와 b가 모두 짝수일 확률은? [3점]

① $\dfrac{4}{7}$ ② $\dfrac{9}{14}$ ③ $\dfrac{5}{7}$

④ $\dfrac{11}{14}$ ⑤ $\dfrac{6}{7}$

325 2007년 5월 교육청 가형 8번

세 집합 $A=\{1, 2, 3\}$, $B=\{4, 5, 6\}$, $C=\{7, 8, 9\}$가 있다. 각 집합에서 원소를 한 개씩 뽑았을 때, 나온 세 수의 곱이 3의 배수가 될 확률은? [4점]

① $\dfrac{11}{27}$ ② $\dfrac{13}{27}$ ③ $\dfrac{5}{9}$

④ $\dfrac{17}{27}$ ⑤ $\dfrac{19}{27}$

326 2024학년도 9월 평가원 27번

두 집합 $X=\{1, 2, 3, 4\}$, $Y=\{1, 2, 3, 4, 5, 6, 7\}$에 대하여 X에서 Y로의 모든 일대일함수 f 중에서 임의로 하나를 선택할 때, 이 함수가 다음 조건을 만족시킬 확률은? [3점]

㈎ $f(2)=2$

㈏ $f(1) \times f(2) \times f(3) \times f(4)$는 4의 배수이다.

---

① $\dfrac{1}{14}$ ② $\dfrac{3}{35}$ ③ $\dfrac{1}{10}$

④ $\dfrac{4}{35}$ ⑤ $\dfrac{9}{70}$

327 2019학년도 수능(홀) 나형 28번

숫자 1, 2, 3, 4가 하나씩 적혀 있는 흰 공 4개와 숫자 4, 5, 6이 하나씩 적혀 있는 검은 공 3개가 있다. 이 7개의 공을 임의로 일렬로 나열할 때, 같은 숫자가 적혀 있는 공이 서로 이웃하지 않게 나열될 확률은 $\frac{q}{p}$이다. $p+q$의 값을 구하시오.

(단, p와 q는 서로소인 자연수이다.) [4점]

→ **328** 2024학년도 수능(홀) 25번

숫자 1, 2, 3, 4, 5, 6이 하나씩 적혀 있는 6장의 카드가 있다. 이 6장의 카드를 모두 한 번씩 사용하여 일렬로 임의로 나열할 때, 양 끝에 놓인 카드에 적힌 두 수의 합이 10 이하가 되도록 카드가 놓일 확률은? [3점]

① $\frac{8}{15}$ ② $\frac{19}{30}$ ③ $\frac{11}{15}$

④ $\frac{5}{6}$ ⑤ $\frac{14}{15}$

329 2022학년도 수능(홀) 26번

1부터 10까지 자연수가 하나씩 적혀 있는 10장의 카드가 들어 있는 주머니가 있다. 이 주머니에서 임의로 카드 3장을 동시에 꺼낼 때, 꺼낸 카드에 적혀 있는 세 자연수 중에서 가장 작은 수가 4 이하이거나 7 이상일 확률은? [3점]

① $\frac{4}{5}$ ② $\frac{5}{6}$ ③ $\frac{13}{15}$

④ $\frac{9}{10}$ ⑤ $\frac{14}{15}$

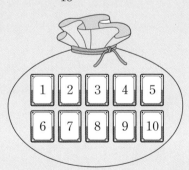

→ **330** 2022학년도 6월 평가원 30번

숫자 1, 2, 3이 하나씩 적혀 있는 3개의 공이 들어 있는 주머니가 있다. 이 주머니에서 임의로 한 개의 공을 꺼내어 공에 적혀 있는 수를 확인한 후 다시 넣는 시행을 한다. 이 시행을 5번 반복하여 확인한 5개의 수의 곱이 6의 배수일 확률이 $\frac{q}{p}$일 때, $p+q$의 값을 구하시오.

(단, p와 q는 서로소인 자연수이다.) [4점]

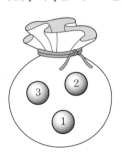

331 2024년 7월 교육청 26번

공이 3개 이상 들어 있는 바구니와 숫자 1, 2, 3, 4, 5, 6, 7이 하나씩 적힌 7개의 비어 있는 상자가 있다. 한 개의 주사위를 사용하여 다음 시행을 한다.

주사위를 한 번 던져 나온 눈의 수가
n ($n=1, 2, 3, 4, 5, 6$)일 때,

숫자 n이 적힌 상자에 공이 들어 있지 않으면
바구니에 있는 공 1개를 숫자 n이 적힌 상자에 넣고,

숫자 n이 적힌 상자에 공이 들어 있으면
바구니에 있는 공 1개를 숫자 7이 적힌 상자에 넣는다.

이 시행을 3번 반복한 후 숫자 7이 적힌 상자에 들어 있는 공의 개수가 1 이상일 확률은? [3점]

① $\dfrac{5}{18}$ ② $\dfrac{1}{3}$ ③ $\dfrac{7}{18}$

④ $\dfrac{4}{9}$ ⑤ $\dfrac{1}{2}$

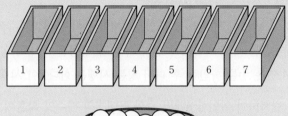

332 2020학년도 9월 평가원 나형 14번

다음 조건을 만족시키는 좌표평면 위의 점 (a, b) 중에서 임의로 서로 다른 두 점을 선택할 때, 선택된 두 점 사이의 거리가 1보다 클 확률은? [4점]

㉮ a, b는 자연수이다.
㉯ $1 \le a \le 4$, $1 \le b \le 3$

---

① $\dfrac{41}{66}$ ② $\dfrac{43}{66}$ ③ $\dfrac{15}{22}$

④ $\dfrac{47}{66}$ ⑤ $\dfrac{49}{66}$

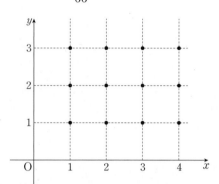

333 2019학년도 9월 평가원 가형 28번

방정식 $a+b+c=9$를 만족시키는 음이 아닌 정수 a, b, c의 모든 순서쌍 (a, b, c) 중에서 임의로 한 개를 선택할 때, 선택한 순서쌍 (a, b, c)가

$a<2$ 또는 $b<2$

를 만족시킬 확률은 $\dfrac{q}{p}$이다. $p+q$의 값을 구하시오.

(단, p와 q는 서로소인 자연수이다.) [4점]

→ 334 2018학년도 수능(홀) 가형 28번

방정식 $x+y+z=10$을 만족시키는 음이 아닌 정수 x, y, z의 모든 순서쌍 (x, y, z) 중에서 임의로 한 개를 선택한다. 선택한 순서쌍 (x, y, z)가 $(x-y)(y-z)(z-x)\neq0$을 만족시킬 확률은 $\dfrac{q}{p}$이다. $p+q$의 값을 구하시오.

(단, p와 q는 서로소인 자연수이다.) [4점]

04

335 2013학년도 수능(홀) 나형 29번

다음 좌석표에서 2행 2열 좌석을 제외한 8개의 좌석에 여학생 4명과 남학생 4명을 1명씩 임의로 배정할 때, 적어도 2명의 남학생이 서로 이웃하게 배정될 확률은 p이다. $70p$의 값을 구하시오. (단, 2명이 같은 행의 바로 옆이나 같은 열의 바로 앞뒤에 있을 때 이웃한 것으로 본다.) [4점]

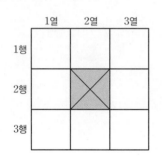

336 2010학년도 9월 평가원 나형 12번

1부터 9까지 자연수가 하나씩 적혀 있는 9개의 공이 주머니에 들어 있다. 이 주머니에서 임의로 3개의 공을 동시에 꺼낼 때, 꺼낸 공에 적혀 있는 수 a, b, c $(a<b<c)$가 다음 조건을 만족시킬 확률은? [4점]

(가) $a+b+c$는 홀수이다.
(나) $a \times b \times c$는 3의 배수이다.

① $\dfrac{5}{14}$ ② $\dfrac{8}{21}$ ③ $\dfrac{17}{42}$

④ $\dfrac{3}{7}$ ⑤ $\dfrac{19}{42}$

337 2021학년도 6월 평가원 나형 29번

집합 $A = \{1, 2, 3, 4\}$에 대하여 A에서 A로의 모든 함수 f 중에서 임의로 하나를 선택할 때, 이 함수가 다음 조건을 만족시킬 확률은 p이다. $120p$의 값을 구하시오. [4점]

(가) $f(1) \times f(2) \geq 9$

(나) 함수 f의 치역의 원소의 개수는 3이다.

---

338 2021학년도 9월 평가원 가형 19번

집합 $X = \{1, 2, 3, 4\}$의 공집합이 아닌 모든 부분집합 15개 중에서 임의로 서로 다른 세 부분집합을 뽑아 임의로 일렬로 나열하고, 나열된 순서대로 A, B, C라 할 때, $A \subset B \subset C$일 확률은? [4점]

① $\dfrac{1}{91}$ ② $\dfrac{2}{91}$ ③ $\dfrac{3}{91}$

④ $\dfrac{4}{91}$ ⑤ $\dfrac{5}{91}$

1부터 6까지의 자연수가 하나씩 적혀 있는 6장의 카드가 들어 있는 주머니가 있다. 이 주머니에서 임의로 두 장의 카드를 동시에 꺼내어 적혀 있는 수를 확인한 후 다시 넣는 시행을 두 번 반복한다. 첫 번째 시행에서 확인한 두 수 중 작은 수를 a_1, 큰 수를 a_2라 하고, 두 번째 시행에서 확인한 두 수 중 작은 수를 b_1, 큰 수를 b_2라 하자. 두 집합 A, B를

$$A=\{x \,|\, a_1 \le x \le a_2\},\ B=\{x \,|\, b_1 \le x \le b_2\}$$

라 할 때, $A \cap B \ne \varnothing$ 일 확률은? [4점]

① $\dfrac{3}{5}$ ② $\dfrac{2}{3}$ ③ $\dfrac{11}{15}$

④ $\dfrac{4}{5}$ ⑤ $\dfrac{13}{15}$

그림은 여섯 개의 숫자 1, 2, 3, 4, 5, 6이 하나씩 적혀 있는 여섯 장의 카드를 모두 한 번씩 사용하여 일렬로 나열할 때, 이웃한 두 장의 카드 중 왼쪽 카드에 적힌 수가 오른쪽 카드에 적힌 수보다 큰 경우가 한 번만 나타난 예이다.

이 여섯 장의 카드를 모두 한 번씩 사용하여 임의로 일렬로 나열할 때, 이웃한 두 장의 카드 중 왼쪽 카드에 적힌 수가 오른쪽 카드에 적힌 수보다 큰 경우가 한 번만 나타날 확률은 $\dfrac{q}{p}$이다. $p+q$의 값을 구하시오.

(단, p와 q는 서로소인 자연수이다.) [4점]

❯ 정답과 해설 95쪽

341 2009학년도 6월 평가원 가형 24번

집합 $X=\{1, 2, 3\}$, $Y=\{1, 2, 3, 4\}$, $Z=\{0, 1\}$에 대하여 조건 ㈎를 만족시키는 모든 함수 $f: X \longrightarrow Y$ 중에서 임의로 하나를 선택하고, 조건 ㈏를 만족시키는 모든 함수 $g: Y \longrightarrow Z$ 중에서 임의로 하나를 선택하여 합성함수 $g \circ f: X \longrightarrow Z$를 만들 때, 이 합성함수의 치역이 Z일 확률은 $\dfrac{q}{p}$이다. $p+q$의 값을 구하시오.

(단, p, q는 서로소인 자연수이다.) [4점]

㈎ X의 임의의 두 원소 x_1, x_2에 대하여
   $x_1 \neq x_2$이면 $f(x_1) \neq f(x_2)$이다.
㈏ g의 치역은 Z이다.

342 2020년 7월 교육청 가형 20번

그림과 같이 원탁 위에 1부터 6까지 자연수가 하나씩 적혀 있는 6개의 접시가 놓여 있고 같은 종류의 쿠키 9개를 접시 위에 담으려고 한다. 한 개의 주사위를 던져 나온 눈의 수가 적혀 있는 접시와 그 접시에 이웃하는 양 옆의 접시 위에 3개의 쿠키를 각각 1개씩 담는 시행을 한다. 예를 들어, 주사위를 던져 나온 눈의 수가 1인 경우 6, 1, 2가 적혀 있는 접시 위에 쿠키를 각각 1개씩 담는다. 이 시행을 3번 반복하여 9개의 쿠키를 모두 접시 위에 담을 때, 6개의 접시 위에 각각 한 개 이상의 쿠키가 담겨 있을 확률은? [4점]

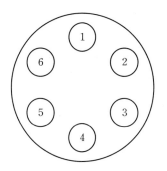

① $\dfrac{7}{18}$　　　② $\dfrac{17}{36}$　　　③ $\dfrac{5}{9}$

④ $\dfrac{23}{36}$　　　⑤ $\dfrac{13}{18}$

05

조건부확률

실전 개념 1 조건부확률 > 유형 01 ~ 04, 06

(1) **조건부확률**

두 사건 A, B에 대하여 확률이 0이 아닌 사건 A가 일어났다고 가정할 때 사건 B가 일어

날 확률을 사건 A가 일어났을 때의 사건 B의 조건부확률이라 하고, 기호로

$\mathrm{P}(B|A)$ ← A를 새로운 표본공간으로 생각할 때, $A \cap B$가 일어날 확률

와 같이 나타낸다.

(2) 사건 A가 일어났을 때의 사건 B의 조건부확률은

$$\mathrm{P}(B|A) = \frac{\mathrm{P}(A \cap B)}{\mathrm{P}(A)} \text{ (단, } \mathrm{P}(A) > 0)$$

실전 개념 2 확률의 곱셈정리 > 유형 05, 06

두 사건 A, B에 대하여 $\mathrm{P}(A) > 0$, $\mathrm{P}(B) > 0$일 때

$\mathrm{P}(A \cap B) = \mathrm{P}(A)\mathrm{P}(B|A) = \mathrm{P}(B)\mathrm{P}(A|B)$

343 2018학년도 9월 평가원 가형 4번

두 사건 A, B에 대하여

$$P(A) = \frac{2}{3}, \quad P(A \cap B) = \frac{2}{5}$$

일 때, $P(B|A)$의 값은? [3점]

① $\frac{2}{5}$ ② $\frac{7}{15}$ ③ $\frac{8}{15}$

④ $\frac{3}{5}$ ⑤ $\frac{2}{3}$

344 2016년 4월 교육청 가형 5번

두 사건 A, B에 대하여 $P(A^C) = \frac{1}{4}$, $P(B|A) = \frac{1}{6}$일 때, $P(A \cap B)$의 값은? (단, A^C은 A의 여사건이다.) [3점]

① $\frac{1}{8}$ ② $\frac{1}{7}$ ③ $\frac{1}{6}$

④ $\frac{1}{5}$ ⑤ $\frac{1}{4}$

345 2013학년도 9월 평가원 나형 8번

5명의 학생 A, B, C, D, E가 김밥, 만두, 쫄면 중에서 서로 다른 2종류의 음식을 표와 같이 선택하였다. 이 5명 중에서 임의로 뽑힌 한 학생이 만두를 선택한 학생일 때, 이 학생이 쫄면도 선택하였을 확률은? [3점]

	A	B	C	D	E
김밥	○	○		○	
만두	○	○	○		○
쫄면			○	○	○

① $\frac{1}{4}$ ② $\frac{1}{3}$ ③ $\frac{1}{2}$

④ $\frac{2}{3}$ ⑤ $\frac{3}{4}$

346 2016년 7월 교육청 가형 26번

상자에는 딸기 맛 사탕 6개와 포도 맛 사탕 9개가 들어 있다. 두 사람 A와 B가 이 순서대로 이 상자에서 임의로 1개의 사탕을 각각 1번 꺼낼 때, A가 꺼낸 사탕이 딸기 맛 사탕이고, B가 꺼낸 사탕이 포도 맛 사탕일 확률을 p라 하자. $70p$의 값을 구하시오. (단, 꺼낸 사탕은 상자에 다시 넣지 않는다.)

[4점]

▶ 정답과 해설 98쪽

B STEP 유형 & 유사로 익히면···

유형 01 조건부확률 (1)

347 2023학년도 9월 평가원 24번

두 사건 A, B에 대하여

$$P(A \cup B) = 1, \ P(A \cap B) = \frac{1}{4}, \ P(A|B) = P(B|A)$$

일 때, $P(A)$의 값은? [3점]

① $\frac{1}{2}$

② $\frac{9}{16}$

③ $\frac{5}{8}$

④ $\frac{11}{16}$

⑤ $\frac{3}{4}$

→ 348 2021학년도 수능(홀) 가형 4번

두 사건 A, B에 대하여

$$P(B|A) = \frac{1}{4}, \ P(A|B) = \frac{1}{3}, \ P(A) + P(B) = \frac{7}{10}$$

일 때, $P(A \cap B)$의 값은? [3점]

① $\frac{1}{7}$

② $\frac{1}{8}$

③ $\frac{1}{9}$

④ $\frac{1}{10}$

⑤ $\frac{1}{11}$

349 2020학년도 9월 평가원 가형 5번

두 사건 A, B에 대하여

$$P(A) = \frac{2}{5}, \ P(B^c) = \frac{3}{10}, \ P(A \cap B) = \frac{1}{5}$$

일 때, $P(A^c|B^c)$의 값은? (단, A^c은 A의 여사건이다.)

[3점]

① $\frac{1}{6}$

② $\frac{1}{5}$

③ $\frac{1}{4}$

④ $\frac{1}{3}$

⑤ $\frac{1}{2}$

→ 350 2018년 10월 교육청 나형 10번

두 사건 A, B가 다음 조건을 만족시킨다.

> (가) $P(A) = \frac{1}{3}$, $P(B) = \frac{1}{2}$
>
> (나) $P(A|B) + P(B|A) = \frac{10}{7}$

$P(A \cap B)$의 값은? [3점]

① $\frac{2}{21}$

② $\frac{1}{7}$

③ $\frac{4}{21}$

④ $\frac{5}{21}$

⑤ $\frac{2}{7}$

351 2019학년도 6월 평가원 나형 14번

어느 인공지능 시스템에 고양이 사진 40장과 강아지 사진 40장을 입력한 후, 이 인공지능 시스템이 각각의 사진을 인식하는 실험을 실시하여 다음 결과를 얻었다.

(단위: 장)

입력 \ 인식	고양이 사진	강아지 사진	합계
고양이 사진	32	8	40
강아지 사진	4	36	40
합계	36	44	80

이 실험에서 입력된 80장의 사진 중에서 임의로 선택한 1장이 인공지능 시스템에 의해 고양이 사진으로 인식된 사진일 때, 이 사진이 고양이 사진일 확률은? [4점]

① $\dfrac{4}{9}$　　　② $\dfrac{5}{9}$　　　③ $\dfrac{2}{3}$

④ $\dfrac{7}{9}$　　　⑤ $\dfrac{8}{9}$

→ **352** 2020학년도 수능(홀) 나형 9번

어느 학교 학생 200명을 대상으로 체험활동에 대한 선호도를 조사하였다. 이 조사에 참여한 학생은 문화체험과 생태연구 중 하나를 선택하였고, 각각의 체험활동을 선택한 학생의 수는 다음과 같다.

(단위: 명)

구분	문화체험	생태연구	합계
남학생	40	60	100
여학생	50	50	100
합계	90	110	200

이 조사에 참여한 학생 200명 중에서 임의로 선택한 1명이 생태연구를 선택한 학생일 때, 이 학생이 여학생일 확률은?

[3점]

① $\dfrac{5}{11}$　　　② $\dfrac{1}{2}$　　　③ $\dfrac{6}{11}$

④ $\dfrac{5}{9}$　　　⑤ $\dfrac{3}{5}$

353 2022학년도 6월 평가원 24번

어느 동아리의 학생 20명을 대상으로 진로활동 A와 진로활동 B에 대한 선호도를 조사하였다. 이 조사에 참여한 학생은 진로활동 A와 진로활동 B 중 하나를 선택하였고, 각각의 진로활동을 선택한 학생 수는 다음과 같다.

(단위: 명)

구분	진로활동 A	진로활동 B	합계
1학년	7	5	12
2학년	4	4	8
합계	11	9	20

이 조사에 참여한 학생 20명 중에서 임의로 선택한 한 명이 진로활동 B를 선택한 학생일 때, 이 학생이 1학년일 확률은?

[3점]

① $\dfrac{1}{2}$ ② $\dfrac{5}{9}$ ③ $\dfrac{3}{5}$

④ $\dfrac{7}{11}$ ⑤ $\dfrac{2}{3}$

➔ **354** 2015학년도 9월 평가원 A형 9번

어느 직업 체험 행사에 참가한 300명의 A 고등학교 1, 2학년 학생 중 남학생과 여학생의 수는 다음과 같다.

(단위: 명)

구분	남학생	여학생
1학년	80	60
2학년	90	70

이 행사에 참가한 A 고등학교 1, 2학년 학생 중에서 임의로 선택한 1명이 여학생일 때, 이 학생이 2학년 학생일 확률은?

[3점]

① $\dfrac{6}{13}$ ② $\dfrac{7}{13}$ ③ $\dfrac{8}{13}$

④ $\dfrac{9}{13}$ ⑤ $\dfrac{10}{13}$

05

다음은 어느 고등학교 학생 1000명을 대상으로 혈액형을 조사한 표이다.

남학생 (단위: 명)

	A형	B형	AB형	O형
Rh$^+$형	203	150	71	159
Rh$^-$형	7	6	1	3

여학생 (단위: 명)

	A형	B형	AB형	O형
Rh$^+$형	150	80	40	115
Rh$^-$형	6	4	0	5

이 1000명의 학생 중에서 임의로 선택한 한 학생의 혈액형이 B형일 때, 이 학생이 Rh$^+$형의 남학생일 확률은? [3점]

① $\frac{1}{4}$ ② $\frac{3}{8}$ ③ $\frac{1}{2}$

④ $\frac{5}{8}$ ⑤ $\frac{3}{4}$

어느 고등학교에서 3학년 학생 90명의 대학 탐방 활동을 계획했다. 아래 표는 해당 대학 A, B에 대한 학생들의 희망을 조사한 결과이다.

(단위: 명)

반	성별	대학 A	대학 B	합계	
1반	남	9	6	15	30
	여	7	8	15	
2반	남	12	8	20	30
	여	6	4	10	
3반	남	5	5	10	30
	여	11	9	20	
합계		50	40	90	

이 90명의 학생 중에서 임의로 선택한 한 학생이 A 대학의 탐방을 희망한 학생일 때, 이 학생이 3반 여학생일 확률은?

[3점]

① $\frac{3}{25}$ ② $\frac{7}{50}$ ③ $\frac{9}{50}$

④ $\frac{11}{50}$ ⑤ $\frac{6}{25}$

357 2020년 7월 교육청 나형 12번

어느 고등학교 학생 200명을 대상으로 휴대폰 요금제에 대한 선호도를 조사하였다. 이 조사에 참여한 200명의 학생은 휴대폰 요금제 A와 B 중 하나를 선택하였고, 각각의 휴대폰 요금제를 선택한 학생의 수는 다음과 같다.

(단위: 명)

구분	휴대폰 요금제 A	휴대폰 요금제 B
남학생	$10a$	b
여학생	$48-2a$	$b-8$

이 조사에 참여한 학생 중에서 임의로 선택한 1명이 남학생일 때, 이 학생이 휴대폰 요금제 A를 선택한 학생일 확률은 $\frac{5}{8}$이다. $b-a$의 값은? (단, a, b는 상수이다.) [3점]

① 32   ② 36   ③ 40

④ 44   ⑤ 48

→ **358** 2014학년도 9월 평가원 B형 25번

휴대 전화의 메인 보드 또는 액정 화면 고장으로 서비스센터에 접수된 200건에 대하여 접수 시기를 품질보증 기간 이내, 이후로 구분한 결과는 다음과 같다.

(단위: 건)

구분	메인 보드 고장	액정 화면 고장	합계
품질보증 기간 이내	90	50	140
품질보증 기간 이후	a	b	60

접수된 200건 중에서 임의로 선택한 1건이 액정 화면 고장 건일 때, 이 건의 접수 시기가 품질보증 기간 이내일 확률이 $\frac{2}{3}$이다. $a-b$의 값을 구하시오. (단, 메인 보드와 액정 화면 둘 다 고장인 경우는 고려하지 않는다.) [3점]

05

359 2014학년도 9월 평가원 A형 9번

어느 학교의 독후감 쓰기 대회에 1, 2학년 학생 50명이 참가하였다. 이 대회에 참가한 학생은 다음 두 주제 중 하나를 반드시 골라야 하고, 각 학생이 고른 주제별 인원수는 표와 같다.

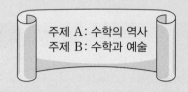

주제 A: 수학의 역사
주제 B: 수학과 예술

(단위: 명)

구분	1학년	2학년	합계
주제 A	8	12	20
주제 B	16	14	30
합계	24	26	50

이 대회에 참가한 학생 50명 중에서 임의로 선택한 1명이 1학년 학생일 때, 이 학생이 주제 B를 고른 학생일 확률을 p_1이라 하고, 이 대회에 참가한 학생 50명 중에서 임의로 선택한 1명이 주제 B를 고른 학생일 때, 이 학생이 1학년 학생일 확률을 p_2라 하자. $\dfrac{p_2}{p_1}$의 값은? [3점]

① $\dfrac{1}{2}$ ② $\dfrac{3}{5}$ ③ $\dfrac{4}{5}$

④ $\dfrac{3}{2}$ ⑤ $\dfrac{7}{4}$

→ **360** 2016학년도 9월 평가원 A형 26번

어느 도서관 이용자 300명을 대상으로 각 연령대별, 성별 이용 현황을 조사한 결과는 다음과 같다.

(단위: 명)

구분	19세 이하	20대	30대	40세 이상	합계
남성	40	a	$60-a$	100	200
여성	35	$45-b$	b	20	100

이 도서관 이용자 300명 중에서 30대가 차지하는 비율은 12 %이다. 이 도서관 이용자 300명 중에서 임의로 선택한 1명이 남성일 때 이 이용자가 20대일 확률과, 이 도서관 이용자 300명 중에서 임의로 선택한 1명이 여성일 때 이 이용자가 30대일 확률이 서로 같다. $a+b$의 값을 구하시오. [4점]

361 2019학년도 9월 평가원 나형 12번

여학생이 40명이고 남학생이 60명인 어느 학교 전체 학생을 대상으로 축구와 야구에 대한 선호도를 조사하였다. 이 학교 학생의 70 %가 축구를 선택하였으며, 나머지 30%는 야구를 선택하였다. 이 학교의 학생 중 임의로 뽑은 1명이 축구를 선택한 남학생일 확률은 $\frac{2}{5}$이다. 이 학교의 학생 중 임의로 뽑은 1명이 야구를 선택한 학생일 때, 이 학생이 여학생일 확률은? (단, 조사에서 모든 학생들은 축구와 야구 중 한 가지만 선택하였다.) [3점]

① $\frac{1}{4}$ ② $\frac{1}{3}$ ③ $\frac{5}{12}$

④ $\frac{1}{2}$ ⑤ $\frac{7}{12}$

→ 362 2016학년도 수능(홀) A형 26번

어느 회사의 직원은 모두 60명이고, 각 직원은 두 개의 부서 A, B 중 한 부서에 속해 있다. 이 회사의 A 부서는 20명, B 부서는 40명의 직원으로 구성되어 있다. 이 회사의 A 부서에 속해 있는 직원의 50 %가 여성이다. 이 회사 여성 직원의 60 %가 B 부서에 속해 있다. 이 회사의 직원 60명 중에서 임의로 선택한 한 명이 B 부서에 속해 있을 때, 이 직원이 여성일 확률은 p이다. $80p$의 값을 구하시오. [4점]

363 2017학년도 수능(홀) 나형 13번

어느 학교의 전체 학생은 360명이고, 각 학생은 체험 학습 A, 체험 학습 B 중 하나를 선택하였다. 이 학교의 학생 중 체험 학습 A를 선택한 학생은 남학생 90명과 여학생 70명이다. 이 학교의 학생 중 임의로 뽑은 1명의 학생이 체험 학습 B를 선택한 학생일 때, 이 학생이 남학생일 확률은 $\frac{2}{5}$이다. 이 학교의 여학생의 수는? [3점]

① 180 ② 185 ③ 190

④ 195 ⑤ 200

→ 364 2015학년도 수능(홀) B형 15번

어느 학교의 전체 학생 320명을 대상으로 수학동아리 가입 여부를 조사한 결과 남학생의 60 %와 여학생의 50 %가 수학동아리에 가입하였다고 한다. 이 학교의 수학동아리에 가입한 학생 중 임의로 1명을 선택할 때 이 학생이 남학생일 확률을 p_1, 이 학교의 수학동아리에 가입한 학생 중 임의로 1명을 선택할 때 이 학생이 여학생일 확률을 p_2라 하자. $p_1=2p_2$일 때, 이 학교의 남학생의 수는? [4점]

① 170 ② 180 ③ 190

④ 200 ⑤ 210

365 2016년 10월 교육청 가형 8번 / 나형 12번

그림과 같이 어느 카페의 메뉴에는 서로 다른 3가지의 주스와 서로 다른 2가지의 아이스크림이 있다. 두 학생 A, B가 이 5가지 중 1가지씩을 임의로 주문했다고 한다. A, B가 주문한 것이 서로 다를 때, A, B가 주문한 것이 모두 아이스크림일 확률은? [3점]

MENU

주스(Fresh Juice)
• 딸기 주스
• 오렌지 주스
• 키위 주스
아이스크림(Ice-Cream)
• 바닐라 아이스크림
• 초코 아이스크림

① $\dfrac{1}{6}$　　　② $\dfrac{1}{7}$　　　③ $\dfrac{1}{8}$

④ $\dfrac{1}{9}$　　　⑤ $\dfrac{1}{10}$

→ **366** 2011학년도 6월 평가원 가형 27번

14명의 학생이 특별활동 시간에 연주할 악기를 다음과 같이 하나씩 선택하였다.

피아노	바이올린	첼로
3명	5명	6명

14명의 학생 중에서 임의로 뽑은 3명이 선택한 악기가 모두 같을 때, 그 악기가 피아노이거나 첼로일 확률은? [3점]

① $\dfrac{13}{31}$　　　② $\dfrac{15}{31}$　　　③ $\dfrac{17}{31}$

④ $\dfrac{19}{31}$　　　⑤ $\dfrac{21}{31}$

367 2012년 7월 교육청 가형 5번

A, B, C, D, E, F 여섯 명으로 구성된 어느 수학 동아리에서 회장과 부회장을 각각 1명씩 뽑으려고 한다. A 또는 B가 회장으로 뽑혔을 때, F가 부회장으로 뽑힐 확률은? [3점]

① $\dfrac{1}{2}$　　　② $\dfrac{1}{3}$　　　③ $\dfrac{1}{4}$

④ $\dfrac{1}{5}$　　　⑤ $\dfrac{1}{6}$

→ **368** 2007학년도 6월 평가원 가형 28번

어느 반에서 후보로 추천된 A, B, C, D 네 학생 중에서 반장과 부반장을 각각 한 명씩 임의로 뽑으려고 한다. A 또는 B가 반장으로 뽑혔을 때, C가 부반장이 될 확률은? [3점]

① $\dfrac{1}{2}$　　　② $\dfrac{1}{3}$　　　③ $\dfrac{1}{4}$

④ $\dfrac{1}{5}$　　　⑤ $\dfrac{1}{6}$

369 2020년 7월 교육청 가형 9번

서로 다른 두 개의 주사위를 동시에 한 번 던져서 나온 두 눈의 수의 곱이 짝수일 때, 나온 두 눈의 수의 합이 짝수일 확률은? [3점]

① $\dfrac{1}{12}$ ② $\dfrac{1}{6}$ ③ $\dfrac{1}{4}$

④ $\dfrac{1}{3}$ ⑤ $\dfrac{5}{12}$

→ 370 2015년 7월 교육청 B형 8번

한 개의 주사위를 2번 던질 때 첫 번째 나온 눈의 수를 a, 두 번째 나온 눈의 수를 b라 하자. 두 수 a, b의 곱 ab가 짝수일 때, a와 b가 모두 짝수일 확률은? [3점]

① $\dfrac{7}{12}$ ② $\dfrac{1}{2}$ ③ $\dfrac{5}{12}$

④ $\dfrac{1}{3}$ ⑤ $\dfrac{1}{4}$

371 2017학년도 9월 평가원 가형 12번

한 개의 주사위를 두 번 던질 때 나오는 눈의 수를 차례로 a, b라 하자. 두 수의 곱 ab가 6의 배수일 때, 이 두 수의 합 $a+b$가 7일 확률은? [3점]

① $\dfrac{1}{5}$ ② $\dfrac{7}{30}$ ③ $\dfrac{4}{15}$

④ $\dfrac{3}{10}$ ⑤ $\dfrac{1}{3}$

→ 372 2024학년도 6월 평가원 27번

한 개의 주사위를 두 번 던질 때 나오는 눈의 수를 차례로 a, b라 하자. $a \times b$가 4의 배수일 때, $a+b \le 7$일 확률은? [3점]

① $\dfrac{2}{5}$ ② $\dfrac{7}{15}$ ③ $\dfrac{8}{15}$

④ $\dfrac{3}{5}$ ⑤ $\dfrac{2}{3}$

373 2019년 10월 교육청 가형 15번

주머니에 1부터 8까지의 자연수가 하나씩 적힌 8개의 공이 들어 있다. 이 주머니에서 임의로 3개의 공을 동시에 꺼낼 때, 꺼낸 3개의 공에 적힌 수를 a, b, c $(a<b<c)$라 하자. $a+b+c$가 짝수일 때, a가 홀수일 확률은? [4점]

① $\dfrac{3}{7}$ ② $\dfrac{1}{2}$ ③ $\dfrac{4}{7}$

④ $\dfrac{9}{14}$ ⑤ $\dfrac{5}{7}$

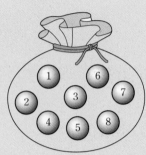

→ **374** 2024년 7월 교육청 28번

주머니에 1부터 9까지의 자연수가 하나씩 적혀 있는 9개의 공이 들어 있다. 이 주머니에서 임의로 공을 한 개씩 4번 꺼내어 나온 공에 적혀 있는 수를 꺼낸 순서대로 a, b, c, d라 하자. $a \times b+c+d$가 홀수일 때, 두 수 a, b가 모두 홀수일 확률은? (단, 꺼낸 공은 다시 넣지 않는다.) [4점]

① $\dfrac{5}{26}$ ② $\dfrac{3}{13}$ ③ $\dfrac{7}{26}$

④ $\dfrac{4}{13}$ ⑤ $\dfrac{9}{26}$

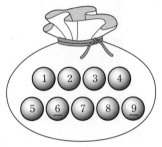

> 정답과 해설 107쪽

375 2022학년도 수능 예시문항 28번

1부터 10까지의 자연수 중에서 임의로 서로 다른 3개의 수를 선택한다. 선택한 세 개의 수의 곱이 짝수일 때, 그 세 개의 수의 합이 3의 배수일 확률은? [4점]

① $\dfrac{14}{55}$　　② $\dfrac{3}{10}$　　③ $\dfrac{19}{55}$

④ $\dfrac{43}{110}$　　⑤ $\dfrac{24}{55}$

376 2018학년도 수능(홀) 가형 13번

한 개의 주사위를 두 번 던진다. 6의 눈이 한 번도 나오지 않을 때, 나온 두 눈의 수의 합이 4의 배수일 확률은? [3점]

① $\dfrac{4}{25}$　　② $\dfrac{1}{5}$　　③ $\dfrac{6}{25}$

④ $\dfrac{7}{25}$　　⑤ $\dfrac{8}{25}$

377 2018년 10월 교육청 나형 16번

주머니에 1, 2, 3, 4의 숫자가 각각 하나씩 적힌 흰 공 4개와 3, 5, 7, 9의 숫자가 각각 하나씩 적힌 검은 공 4개가 들어 있다. 이 주머니에서 임의로 3개의 공을 동시에 꺼낸다. 꺼낸 3개의 공이 흰 공 2개, 검은 공 1개일 때, 꺼낸 검은 공에 적힌 수가 꺼낸 흰 공 2개에 적힌 수의 합보다 클 확률은? [4점]

① $\dfrac{11}{24}$　　② $\dfrac{1}{2}$　　③ $\dfrac{13}{24}$

④ $\dfrac{7}{12}$　　⑤ $\dfrac{5}{8}$

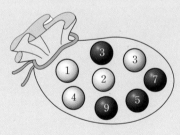

378 2008학년도 수능(홀) 가/나형 12번

주머니 A에는 1, 2, 3, 4, 5의 숫자가 하나씩 적혀 있는 5장의 카드가 들어 있고, 주머니 B에는 6, 7, 8, 9, 10의 숫자가 하나씩 적혀 있는 5장의 카드가 들어 있다. 두 주머니 A, B에서 각각 카드를 임의로 한 장씩 꺼냈다. 꺼낸 2장의 카드에 적혀 있는 두 수의 합이 홀수일 때, 주머니 A에서 꺼낸 카드에 적혀 있는 수가 짝수일 확률은? [3점]

① $\dfrac{5}{13}$　　② $\dfrac{4}{13}$　　③ $\dfrac{3}{13}$

④ $\dfrac{2}{13}$　　⑤ $\dfrac{1}{13}$

379 2025학년도 6월 평가원 28번

탁자 위에 놓인 4개의 동전에 대하여 다음 시행을 한다.

> 4개의 동전 중 임의로 한 개의 동전을 택하여 한 번 뒤집는다.

처음에 3개의 동전은 앞면이 보이도록, 1개의 동전은 뒷면이 보이도록 놓여 있다. 위의 시행을 5번 반복한 후 4개의 동전이 모두 같은 면이 보이도록 놓여 있을 때, 모두 앞면이 보이도록 놓여 있을 확률은? [4점]

① $\dfrac{17}{32}$ ② $\dfrac{35}{64}$ ③ $\dfrac{9}{16}$

④ $\dfrac{37}{64}$ ⑤ $\dfrac{19}{32}$

앞면   앞면   앞면   뒷면

380 2018학년도 6월 평가원 나형 28번

흰 공 3개, 검은 공 4개가 들어 있는 주머니가 있다. 이 주머니에서 임의로 3개의 공을 동시에 꺼내어, 꺼낸 흰 공과 검은 공의 개수를 각각 m, n이라 하자. 이 시행에서 $2m \geq n$일 때, 꺼낸 흰 공의 개수가 2일 확률은 $\dfrac{q}{p}$이다. $p+q$의 값을 구하시오. (단, p와 q는 서로소인 자연수이다.) [4점]

381 2021년 10월 교육청 28번

집합 $X=\{x|x$는 8 이하의 자연수$\}$에 대하여 X에서 X로의 함수 f 중에서 임의로 하나를 선택한다. 선택한 함수 f가 4 이하의 모든 자연수 n에 대하여 $f(2n-1)<f(2n)$일 때, $f(1)=f(5)$일 확률은? [4점]

① $\dfrac{1}{7}$ ② $\dfrac{5}{28}$ ③ $\dfrac{3}{14}$

④ $\dfrac{1}{4}$ ⑤ $\dfrac{2}{7}$

→ **382** 2025학년도 9월 평가원 28번

집합 $X=\{1,\ 2,\ 3,\ 4\}$에 대하여 $f:X\longrightarrow X$인 모든 함수 f 중에서 임의로 하나를 선택하는 시행을 한다. 이 시행에서 선택한 함수 f가 다음 조건을 만족시킬 때, $f(4)$가 짝수일 확률은? [4점]

> $a\in X,\ b\in X$에 대하여
> a가 b의 약수이면 $f(a)$는 $f(b)$의 약수이다.

① $\dfrac{9}{19}$ ② $\dfrac{8}{15}$ ③ $\dfrac{3}{5}$

④ $\dfrac{27}{40}$ ⑤ $\dfrac{19}{25}$

주머니에 숫자 1, 2가 하나씩 적혀 있는 흰 공 2개와 숫자 1, 2, 3이 하나씩 적혀 있는 검은 공 3개가 들어 있다. 이 주머니를 사용하여 다음 시행을 한다.

주머니에서 임의로 2개의 공을 동시에 꺼내어
꺼낸 공이 서로 같은 색이면 꺼낸 공 중 임의로 1개의 공을 주머니에 다시 넣고,
꺼낸 공이 서로 다른 색이면 꺼낸 공을 주머니에 다시 넣지 않는다.

이 시행을 한 번 한 후 주머니에 들어 있는 모든 공에 적힌 수의 합이 3의 배수일 때, 주머니에서 꺼낸 2개의 공이 서로 다른 색일 확률은 $\dfrac{q}{p}$이다. $p+q$의 값을 구하시오.

(단, p와 q는 서로소인 자연수이다.) [4점]

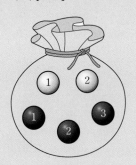

주머니에 숫자 1, 2, 3, 4가 하나씩 적혀 있는 흰 공 4개와 숫자 3, 4, 5, 6이 하나씩 적혀 있는 검은 공 4개가 들어 있다. 이 주머니에서 임의로 4개의 공을 동시에 꺼내는 시행을 한다. 이 시행에서 꺼낸 공에 적혀 있는 수가 같은 것이 있을 때, 꺼낸 공 중 검은 공이 2개일 확률은 $\dfrac{q}{p}$이다. $p+q$의 값을 구하시오. (단, p와 q는 서로소인 자연수이다.) [4점]

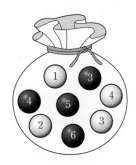

385 2023년 7월 교육청 26번

주머니 A에는 흰 공 1개, 검은 공 2개가 들어 있고, 주머니 B에는 흰 공 3개, 검은 공 3개가 들어 있다. 주머니 A에서 임의로 1개의 공을 꺼내어 주머니 B에 넣은 후 주머니 B에서 임의로 3개의 공을 동시에 꺼낼 때, 주머니 B에서 꺼낸 3개의 공 중에서 적어도 한 개가 흰 공일 확률은? [3점]

① $\dfrac{6}{7}$ ② $\dfrac{92}{105}$ ③ $\dfrac{94}{105}$

④ $\dfrac{32}{35}$ ⑤ $\dfrac{14}{15}$

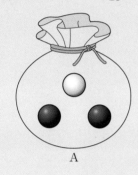

A   B

➡ 386 2014학년도 수능(홀) A형 15번

주머니 A에는 흰 공 2개와 검은 공 3개가 들어 있고, 주머니 B에는 흰 공 1개와 검은 공 3개가 들어 있다. 주머니 A에서 임의로 1개의 공을 꺼내어 흰 공이면 흰 공 2개를 주머니 B에 넣고 검은 공이면 검은 공 2개를 주머니 B에 넣은 후, 주머니 B에서 임의로 1개의 공을 꺼낼 때 꺼낸 공이 흰 공일 확률은?

[4점]

① $\dfrac{1}{6}$ ② $\dfrac{1}{5}$ ③ $\dfrac{7}{30}$

④ $\dfrac{4}{15}$ ⑤ $\dfrac{3}{10}$

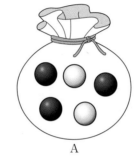

A   B

학생 A의 주머니에는 흰 구슬 2개와 빨간 구슬 3개가 들어 있고, 학생 B의 주머니에는 흰 구슬 3개와 빨간 구슬 2개가 들어 있다. 학생 A부터 시작하여 A와 B가 교대로 자신의 주머니에서 구슬 1개씩 꺼내어 먼저 흰 구슬을 꺼내는 사람이 이기는 것으로 한다. 학생 A가 이길 확률은? (단, 모든 구슬의 크기와 모양은 같고, 한 번 꺼낸 구슬은 다시 주머니에 넣지 않는다.) [3점]

① $\dfrac{21}{50}$ ② $\dfrac{12}{25}$ ③ $\dfrac{27}{50}$

④ $\dfrac{3}{5}$ ⑤ $\dfrac{33}{50}$

상자 A에는 빨간 공 3개와 검은 공 5개가 들어 있고, 상자 B는 비어 있다. 상자 A에서 임의로 2개의 공을 꺼내어 빨간 공이 나오면 [실행 1]을, 빨간 공이 나오지 않으면 [실행 2]를 할 때, 상자 B에 있는 빨간 공의 개수가 1일 확률은? [3점]

[실행 1] 꺼낸 공을 상자 B에 넣는다.

[실행 2] 꺼낸 공을 상자 B에 넣고, 상자 A에서 임의로 2개의 공을 더 꺼내어 상자 B에 넣는다.

---

① $\dfrac{1}{2}$ ② $\dfrac{7}{12}$ ③ $\dfrac{2}{3}$

④ $\dfrac{3}{4}$ ⑤ $\dfrac{5}{6}$

389 2009학년도 수능(홀) 나형 16번

주머니 A와 B에는 1, 2, 3, 4, 5의 숫자가 하나씩 적혀 있는 다섯 개의 구슬이 각각 들어 있다. 철수는 주머니 A에서, 영희는 주머니 B에서 각자 구슬을 임의로 한 개씩 꺼내어 두 구슬에 적혀 있는 숫자를 확인한 후 다시 넣지 않는다. 이와 같은 시행을 반복할 때, 첫 번째 꺼낸 두 구슬에 적혀 있는 숫자가 서로 다르고, 두 번째 꺼낸 두 구슬에 적혀 있는 숫자가 같을 확률은? [4점]

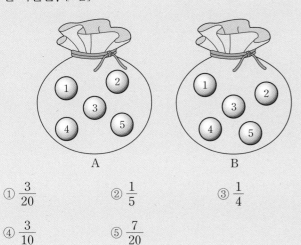

① $\dfrac{3}{20}$ ② $\dfrac{1}{5}$ ③ $\dfrac{1}{4}$

④ $\dfrac{3}{10}$ ⑤ $\dfrac{7}{20}$

> 정답과 해설 114쪽

→ 390 2022년 7월 교육청 27번

주머니 A에는 숫자 1, 1, 2, 2, 3, 3이 하나씩 적혀 있는 6장의 카드가 들어 있고, 주머니 B에는 3, 3, 4, 4, 5, 5가 하나씩 적혀 있는 6장의 카드가 들어 있다. 두 주머니 A, B와 3개의 동전을 사용하여 다음 시행을 한다.

3개의 동전을 동시에 던져

앞면이 나오는 동전의 개수가 3이면

주머니 A에서 임의로 2장의 카드를 동시에 꺼내고,

앞면이 나오는 동전의 개수가 2 이하이면

주머니 B에서 임의로 2장의 카드를 동시에 꺼낸다.

이 시행을 한 번 하여 주머니에서 꺼낸 2장의 카드에 적혀 있는 두 수의 합이 소수일 확률은? [3점]

① $\dfrac{5}{24}$ ② $\dfrac{7}{30}$ ③ $\dfrac{31}{120}$

④ $\dfrac{17}{60}$ ⑤ $\dfrac{37}{120}$

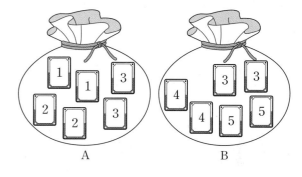

2016년 4월 교육청 가형 15번

1부터 7까지의 자연수가 하나씩 적혀 있는 7개의 공이 들어 있는 상자에서 임의로 1개의 공을 꺼내는 시행을 반복할 때, 짝수가 적혀 있는 공을 모두 꺼내면 시행을 멈춘다. 5번째까지 시행을 한 후 시행을 멈출 확률은?

(단, 꺼낸 공은 다시 넣지 않는다.) [4점]

① $\dfrac{6}{35}$ ② $\dfrac{1}{5}$ ③ $\dfrac{8}{35}$

④ $\dfrac{9}{35}$ ⑤ $\dfrac{2}{7}$

→ **392** 2009년 4월 교육청 가형 19번

흰 공 5개와 검은 공 3개가 들어 있는 주머니에서 임의로 1개씩 공을 꺼내는 시행을 반복하여 검은 공 3개가 모두 나오면 이 시행을 멈추기로 할 때, 5번 이상 공을 꺼낼 확률은 p이다. $70p$의 값을 구하시오. (단, 꺼낸 공은 다시 넣지 않는다.)

[3점]

유형 06 확률의 곱셈정리와 조건부확률

393 2022학년도 9월 평가원 26번

주머니 A에는 흰 공 2개, 검은 공 4개가 들어 있고, 주머니 B에는 흰 공 3개, 검은 공 3개가 들어 있다. 두 주머니 A, B와 한 개의 주사위를 사용하여 다음 시행을 한다.

> 주사위를 한 번 던져
> 나온 눈의 수가 5 이상이면
> 주머니 A에서 임의로 2개의 공을 동시에 꺼내고,
> 나온 눈의 수가 4 이하이면
> 주머니 B에서 임의로 2개의 공을 동시에 꺼낸다.

이 시행을 한 번 하여 주머니에서 꺼낸 2개의 공이 모두 흰색일 때, 나온 눈의 수가 5 이상일 확률은? [3점]

① $\dfrac{1}{7}$ ② $\dfrac{3}{14}$ ③ $\dfrac{2}{7}$

④ $\dfrac{5}{14}$ ⑤ $\dfrac{3}{7}$

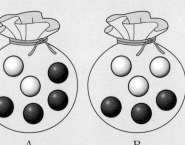

A   B

→ **394** 2013년 7월 교육청 A형 19번

크기와 모양이 같은 공이 상자 A에는 검은 공 2개와 흰 공 2개, 상자 B에는 검은 공 1개와 흰 공 2개가 들어 있다. 두 상자 A, B 중 임의로 선택한 하나의 상자에서 공을 1개 꺼냈더니 검은 공이 나왔을 때, 그 상자에 남은 공이 모두 흰 공일 확률은? [4점]

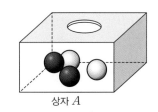
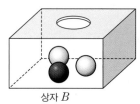

상자 A 상자 B

① $\dfrac{3}{10}$ ② $\dfrac{2}{5}$ ③ $\dfrac{1}{2}$

④ $\dfrac{3}{5}$ ⑤ $\dfrac{7}{10}$

395 2010년 3월 교육청 가형 6번

네 면에 숫자 1, 2, 3, 3이 각각 하나씩 적혀 있는 정사면체 모양의 주사위와 여섯 면에 숫자 1, 2, 2, 3, 3, 3이 각각 하나씩 적혀 있는 정육면체 모양의 주사위를 평평한 바닥에 던졌다. 두 주사위의 바닥에 닿은 면에 적힌 숫자의 합이 짝수일 때, 정육면체 모양의 주사위의 바닥에 닿은 면에 적힌 숫자가 짝수일 확률은? [3점]

① $\dfrac{1}{7}$　　　② $\dfrac{1}{6}$　　　③ $\dfrac{1}{5}$

④ $\dfrac{1}{4}$　　　⑤ $\dfrac{1}{3}$

→ **396** 2012학년도 수능(홀) 나형 13번

주머니 A에는 1, 2, 3, 4, 5의 숫자가 하나씩 적혀 있는 5장의 카드가 들어 있고, 주머니 B에는 1, 2, 3, 4, 5, 6의 숫자가 하나씩 적혀 있는 6장의 카드가 들어 있다. 한 개의 주사위를 한 번 던져서 나온 눈의 수가 3의 배수이면 주머니 A에서 임의로 카드를 한 장 꺼내고, 3의 배수가 아니면 주머니 B에서 임의로 카드를 한 장 꺼낸다. 주머니에서 꺼낸 카드에 적힌 수가 짝수일 때, 그 카드가 주머니 A에서 꺼낸 카드일 확률은?

[3점]

① $\dfrac{1}{5}$　　　② $\dfrac{2}{9}$　　　③ $\dfrac{1}{4}$

④ $\dfrac{2}{7}$　　　⑤ $\dfrac{1}{3}$

397 2010학년도 수능(홀) 가형 28번

세 코스 A, B, C를 순서대로 한 번씩 체험하는 수련장이 있다. A 코스에는 30개, B 코스에는 60개, C 코스에는 90개의 봉투가 마련되어 있고, 각 봉투에는 1장 또는 2장 또는 3장의 쿠폰이 들어 있다. 다음 표는 쿠폰 수에 따른 봉투의 수를 코스별로 나타낸 것이다.

코스＼쿠폰 수	1장	2장	3장	합계
A	20	10	0	30
B	30	20	10	60
C	40	30	20	90

각 코스를 마친 학생은 그 코스에 있는 봉투를 임의로 1개 선택하여 봉투 속에 들어 있는 쿠폰을 받는다. 첫째 번에 출발한 학생이 세 코스를 모두 체험한 후 받은 쿠폰이 모두 4장이었을 때, B 코스에서 받은 쿠폰이 2장일 확률은? [3점]

① $\dfrac{6}{23}$　　② $\dfrac{8}{23}$　　③ $\dfrac{10}{23}$

④ $\dfrac{12}{23}$　　⑤ $\dfrac{14}{23}$

398 2017학년도 6월 평가원 나형 27번

표와 같이 두 상자 A, B에는 흰 구슬과 검은 구슬이 섞여서 각각 100개씩 들어 있다.

(단위: 개)

	상자 A	상자 B
흰 구슬	a	$100-2a$
검은 구슬	$100-a$	$2a$
합계	100	100

두 상자 A, B에서 각각 1개씩 임의로 꺼낸 구슬이 서로 같은 색일 때, 그 색이 흰색일 확률은 $\dfrac{2}{9}$이다. 자연수 a의 값을 구하시오. [4점]

주머니 A에는 검은 구슬 3개가 들어 있고, 주머니 B에는 검은 구슬 2개와 흰 구슬 2개가 들어 있다. 두 주머니 A, B 중 임의로 선택한 하나의 주머니에서 동시에 꺼낸 2개의 구슬이 모두 검은색일 때, 선택된 주머니가 B이었을 확률은? [3점]

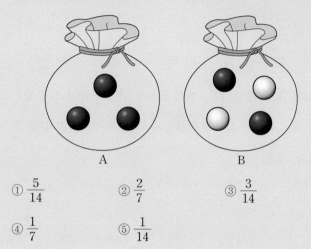

① $\dfrac{5}{14}$ ② $\dfrac{2}{7}$ ③ $\dfrac{3}{14}$

④ $\dfrac{1}{7}$ ⑤ $\dfrac{1}{14}$

상자 A에 검은 공 2개와 흰 공 2개가 들어 있고, 상자 B에 검은 공 1개와 흰 공 3개가 들어 있다. 두 상자 A, B 중 임의로 선택한 하나의 상자에서 공을 1개 꺼냈더니 검은 공이 나왔을 때, 그 상자에 남은 공이 모두 흰 공일 확률을 $\dfrac{q}{p}$라 하자. $p+q$의 값을 구하시오. (단, 모든 공의 크기와 모양은 같고, p와 q는 서로소인 자연수이다.) [4점]

401 2009학년도 9월 평가원 나형 26번

1부터 10까지의 자연수가 하나씩 적혀 있는 10개의 공이 주머니에 들어 있다. 이 주머니에서 철수, 영희, 은지 순서로 공을 임의로 한 개씩 꺼내기로 하였다. 철수가 꺼낸 공에 적혀 있는 수가 6일 때, 남은 두 사람이 꺼낸 공에 적혀 있는 수가 하나는 6보다 크고 다른 하나는 6보다 작을 확률은?

(단, 꺼낸 공은 다시 넣지 않는다.) [3점]

① $\dfrac{1}{9}$ ② $\dfrac{2}{9}$ ③ $\dfrac{1}{3}$

④ $\dfrac{4}{9}$ ⑤ $\dfrac{5}{9}$

→ **402** 2018년 10월 교육청 가형 15번

흰 공 3개, 검은 공 2개가 들어 있는 주머니에서 갑이 임의로 2개의 공을 동시에 꺼내고, 남아 있는 3개의 공 중에서 을이 임의로 2개의 공을 동시에 꺼낸다. 갑이 꺼낸 흰 공의 개수가 을이 꺼낸 흰 공의 개수보다 많을 때, 을이 꺼낸 공이 모두 검은 공일 확률은? [4점]

① $\dfrac{1}{15}$ ② $\dfrac{2}{15}$ ③ $\dfrac{1}{5}$

④ $\dfrac{4}{15}$ ⑤ $\dfrac{1}{3}$

403 2014년 10월 교육청 B형 20번

세 학생 A, B, C가 다음 단계에 따라 최종 승자를 정한다.

> [단계 1] 세 학생이 동시에 가위바위보를 한다.
>
> [단계 2] [단계 1]에서 이긴 학생이 1명뿐이면 그 학생이 최종 승자가 되고, 이긴 학생이 2명이면 [단계 3]으로 가고, 이긴 학생이 없으면 [단계 1]로 간다.
>
> [단계 3] [단계 2]에서 이긴 2명 중 이긴 학생이 나올 때까지 가위바위보를 하여 이긴 학생이 최종 승자가 된다.

가위바위보를 2번 한 결과 A 학생이 최종 승자로 정해졌을 때, 2번째 가위바위보를 한 학생이 2명이었을 확률은?

(단, 각 학생이 가위, 바위, 보를 낼 확률은 각각 $\frac{1}{3}$이다.) [4점]

① $\frac{1}{6}$　　　② $\frac{1}{3}$　　　③ $\frac{1}{2}$

④ $\frac{2}{3}$　　　⑤ $\frac{5}{6}$

→ **404** 2014학년도 예시문항 A형 29번

한 개의 주사위를 사용하여 다음 규칙에 따라 점수를 얻는 시행을 한다.

> ㈎ 한 번 던져 나온 눈의 수가 5 이상이면 나온 눈의 수를 점수로 한다.
>
> ㈏ 한 번 던져 나온 눈의 수가 5보다 작으면 한 번 더 던져 나온 눈의 수를 점수로 한다.

시행의 결과로 얻은 점수가 5점 이상일 때, 주사위를 한 번만 던졌을 확률을 $\frac{q}{p}$라 하자. p^2+q^2의 값을 구하시오.

(단, p와 q는 서로소인 자연수이다.) [4점]

405 2011학년도 6월 평가원 가형 30번

A, B 두 사람이 탁구 시합을 할 때, 한 사람이 먼저 세 세트를 이기거나 연속하여 두 세트를 이기면 승리하기로 한다. 각 세트에서 A가 이길 확률은 $\dfrac{1}{3}$이고, B가 이길 확률은 $\dfrac{2}{3}$이다. 첫 세트에서 A가 이겼을 때, 이 시합에서 A가 승리할 확률은 $\dfrac{q}{p}$이다. $p+q$의 값을 구하시오.

(단, p와 q는 서로소인 자연수이다.) [4점]

→ 406 2009년 10월 교육청 나형 23번

4개의 야구팀 A, B, C, D가 다음과 같은 방법으로 우승팀을 결정하기로 하였다.

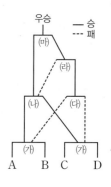

> (가) A팀과 B팀이 경기를 하고, C팀과 D팀이 경기를 한다.
> (나) (가)에서 이긴 팀끼리 경기를 한다.
> (다) (가)에서 진 팀끼리 경기를 한다.
> (라) (나)에서 진 팀과 (다)에서 이긴 팀이 경기를 한다.
> (마) (나)에서 이긴 팀과 (라)에서 이긴 팀이 경기를 한다.
> (바) (마)에서 이긴 팀이 우승팀이 된다.

매 경기에서 각 팀이 이길 확률은 모두 $\dfrac{1}{2}$로 같다고 하자. A팀이 우승했을 때, A팀이 (가)에서 이겼을 확률은 $\dfrac{q}{p}$이다. 이때, $p+q$의 값을 구하시오.

(단, p와 q는 서로소인 두 자연수이다.) [4점]

407 2015년 10월 교육청 B형 20번

5명의 학생 A, B, C, D, E가 같은 영화를 보기 위해 함께 상영관에 갔다. 상영관에는 그림과 같이 총 5개의 좌석만 남아 있었다. (개) 구역에는 1열에 2개의 좌석이 남아 있었고, (내) 구역에는 1열에 1개와 2열에 2개의 좌석이 남아 있었다. 5명의 학생 모두가 남아 있는 5개의 좌석을 임의로 배정받기로 하였다. 학생 A와 B가 서로 다른 구역의 좌석을 배정받았을 때, 학생 C와 D가 같은 구역에 있는 같은 열의 좌석을 배정받을 확률은? [4점]

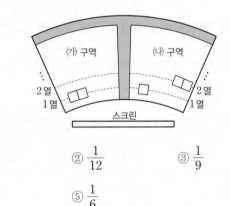

① $\dfrac{1}{18}$　　　② $\dfrac{1}{12}$　　　③ $\dfrac{1}{9}$

④ $\dfrac{5}{36}$　　　⑤ $\dfrac{1}{6}$

408 2023년 7월 교육청 28번

1부터 5까지의 자연수가 하나씩 적힌 5개의 공이 들어 있는 주머니가 있다. 이 주머니에서 공을 임의로 한 개씩 5번 꺼내어 n $(1 \le n \le 5)$번째 꺼낸 공에 적혀 있는 수를 a_n이라 하자. $a_k \le k$를 만족시키는 자연수 k $(1 \le k \le 5)$의 최솟값이 3일 때, $a_1 + a_2 = a_4 + a_5$일 확률은?

(단, 꺼낸 공은 다시 넣지 않는다.) [4점]

① $\dfrac{4}{19}$　　　② $\dfrac{5}{19}$　　　③ $\dfrac{6}{19}$

④ $\dfrac{7}{19}$　　　⑤ $\dfrac{8}{19}$

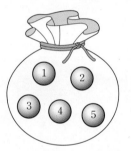

409 2022년 10월 교육청 30번

주머니 A에 흰 공 3개, 검은 공 1개가 들어 있고, 주머니 B에도 흰 공 3개, 검은 공 1개가 들어 있다. 한 개의 동전을 사용하여 [실행 1]과 [실행 2]를 순서대로 하려고 한다.

[실행 1] 한 개의 동전을 던져
  앞면이 나오면 주머니 A에서 임의로 2개의 공을 꺼내어 주머니 B에 넣고,
  뒷면이 나오면 주머니 A에서 임의로 3개의 공을 꺼내어 주머니 B에 넣는다.
[실행 2] 주머니 B에서 임의로 5개의 공을 꺼내어 주머니 A에 넣는다.

[실행 2]가 끝난 후 주머니 B에 흰 공이 남아 있지 않을 때, [실행 1]에서 주머니 B에 넣은 공 중 흰 공이 2개이었을 확률은 $\dfrac{q}{p}$ 이다. $p+q$의 값을 구하시오.

(단, p와 q는 서로소인 자연수이다.) [4점]

410 2011학년도 9월 평가원 가/나형 24번

주머니 안에 스티커가 1개, 2개, 3개 붙어 있는 카드가 각각 1장씩 들어 있다. 주머니에서 임의로 카드 1장을 꺼내어 스티커 1개를 더 붙인 후 다시 주머니에 넣는 시행을 반복한다. 주머니 안의 각 카드에 붙어 있는 스티커의 개수를 3으로 나눈 나머지가 모두 같아지는 사건을 A라 하자. 시행을 6번 하였을 때, 1회부터 5회까지는 사건 A가 일어나지 않고, 6회에서 사건 A가 일어날 확률을 $\dfrac{q}{p}$라 하자. $p+q$의 값을 구하시오.

(단, p와 q는 서로소인 자연수이다.) [4점]

그림과 같이 주머니에 ★ 모양의 스티커가 각각 1개씩 붙어
있는 카드 2장과 스티커가 붙어 있지 않은 카드 3장이 들어
있다.

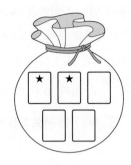

이 주머니를 사용하여 다음의 시행을 한다.

주머니에서 임의로 2장의 카드를 동시에 꺼낸 다음, 꺼낸
카드에 ★ 모양의 스티커를 각각 1개씩 붙인 후 다시 주머
니에 넣는다.

위의 시행을 2번 반복한 뒤 주머니 속에 ★ 모양의 스티커가 3
개 붙어 있는 카드가 들어 있을 확률은 $\dfrac{q}{p}$이다. $p+q$의 값을
구하시오. (단, p와 q는 서로소인 자연수이다.) [4점]

자연수 n $(n \geq 3)$에 대하여 집합 A를
$$A = \{(x, y) \mid 1 \leq x \leq y \leq n, \ x와 \ y는 \ 자연수\}$$
라 하자. 집합 A에서 임의로 선택된 한 개의 원소 (a, b)에
대하여 b가 3의 배수일 때, $a=b$일 확률이 $\dfrac{1}{9}$이 되도록 하는
모든 자연수 n의 값의 합을 구하시오. [4점]

❯ 정답과 해설 122쪽

413 2021년 7월 교육청 29번

1, 2, 3, 4, 5의 숫자가 하나씩 적힌 카드가 각각 1장, 2장, 3장, 4장, 5장이 있다. 이 15장의 카드 중에서 임의로 2장의 카드를 동시에 선택하는 시행을 한다. 이 시행에서 선택한 2장의 카드에 적힌 두 수의 곱의 모든 양의 약수의 개수가 3 이하일 때, 그 두 수의 합이 짝수일 확률은 $\dfrac{q}{p}$이다. $p+q$의 값을 구하시오. (단, p와 q는 서로소인 자연수이다.) [4점]

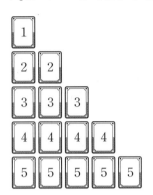

414 2018학년도 9월 평가원 가형 28번

그림과 같이 주머니 A에는 1부터 6까지의 자연수가 하나씩 적힌 6장의 카드가 들어 있고 주머니 B와 C에는 1부터 3까지의 자연수가 하나씩 적힌 3장의 카드가 각각 들어 있다. 갑은 주머니 A에서, 을은 주머니 B에서, 병은 주머니 C에서 각자 임의로 1장의 카드를 꺼낸다. 이 시행에서 갑이 꺼낸 카드에 적힌 수가 을이 꺼낸 카드에 적힌 수보다 클 때, 갑이 꺼낸 카드에 적힌 수가 을과 병이 꺼낸 카드에 적힌 수의 합보다 클 확률이 k이다. $100k$의 값을 구하시오. [4점]

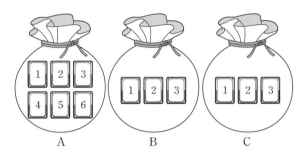

A   B   C

06

독립시행의 확률

개념 카드

(1) **독립**

두 사건 A, B에 대하여 한 사건이 일어나는 것이 다른 사건이 일어날 확률에 영향을 주지 않을 때, 즉

$$\mathrm{P}(B|A)=\mathrm{P}(B),\ \mathrm{P}(A|B)=\mathrm{P}(A)$$

일 때, 두 사건 A와 B는 서로 독립이라 한다.

(2) **종속**

두 사건 A와 B가 서로 독립이 아닐 때, 두 사건 A와 B는 서로 종속이라 한다.

(3) 두 사건 A와 B가 서로 독립이기 위한 필요충분조건은

$$\mathrm{P}(A\cap B)=\mathrm{P}(A)\mathrm{P}(B)\ (단,\ \mathrm{P}(A)>0,\ \mathrm{P}(B)>0)$$

(1) **독립시행**

동일한 시행을 반복하는 경우에 각 시행에서 일어나는 사건이 서로 독립일 때 이와 같은 시행을 독립시행이라 한다.

(2) **독립시행의 확률**

어떤 시행에서 사건 A가 일어날 확률이 p $(0<p<1)$일 때, 이 시행을 n회 반복하는 독립시행에서 사건 A가 r회 일어날 확률은

$$_{n}\mathrm{C}_{r}\,p^{r}(1-p)^{n-r}\ (단,\ r=0,\ 1,\ 2,\ \cdots,\ n)$$

415 2017년 7월 교육청 가형 4번 / 나형 5번

두 사건 A, B가 서로 독립이고

$$P(A)=\frac{1}{2}, \ P(A\cap B)=\frac{1}{6}$$

일 때, $P(B)$의 값은? [3점]

① $\frac{1}{6}$ ② $\frac{1}{4}$ ③ $\frac{1}{3}$

④ $\frac{5}{12}$ ⑤ $\frac{1}{2}$

417 2014학년도 수능(홀) A형 7번

두 사건 A, B가 서로 독립이고 $P(A)=\frac{1}{3}$, $P(B)=\frac{1}{3}$일 때, $P(A\cap B^c)$의 값은? (단, B^c은 B의 여사건이다.) [3점]

① $\frac{5}{27}$ ② $\frac{2}{9}$ ③ $\frac{7}{27}$

④ $\frac{8}{27}$ ⑤ $\frac{1}{3}$

416 2016년 7월 교육청 나형 4번

두 사건 A와 B는 서로 독립이고

$$P(A)=\frac{1}{3}, \ P(B)=\frac{1}{4}$$

일 때, $P(A\cup B)$의 값은? [3점]

① $\frac{1}{4}$ ② $\frac{1}{3}$ ③ $\frac{5}{12}$

④ $\frac{1}{2}$ ⑤ $\frac{7}{12}$

418 2017학년도 수능(홀) 가형 7번 / 나형 11번

한 개의 주사위를 3번 던질 때, 4의 눈이 한 번만 나올 확률은? [3점]

① $\frac{25}{72}$ ② $\frac{13}{36}$ ③ $\frac{3}{8}$

④ $\frac{7}{18}$ ⑤ $\frac{29}{72}$

419 2013학년도 9월 평가원 가형 3번

한 개의 주사위를 6번 던질 때, 홀수의 눈이 5번 나올 확률은? [2점]

① $\dfrac{1}{16}$ ② $\dfrac{3}{32}$ ③ $\dfrac{1}{8}$

④ $\dfrac{5}{32}$ ⑤ $\dfrac{3}{16}$

421 2015년 7월 교육청 A형 26번

한 개의 주사위를 4번 던질 때 6의 약수의 눈이 2번 나올 확률을 p_1이라 하고, 한 개의 동전을 3번 던질 때 동전의 앞면이 2번 나올 확률을 p_2라 하자. $\dfrac{1}{p_1 p_2}$의 값을 구하시오. [4점]

422 2007학년도 수능(홀) 나형 29번

채널이 1부터 100까지 설정된 텔레비전이 있다. 이 텔레비전의 리모콘의 일부는 오른쪽 그림과 같고, 현재 켜져 있는 채널은 50이다. 채널증가 버튼 채널 ▲ 과 채널감소 버튼 채널 ▼ 두 개 중 한 번에 한 개의 버튼을 임의로 여섯 번 누를 때, 채널이 다시 50이 될 확률은?

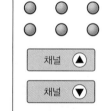

(단, 버튼을 한 번 누르면 채널은 1씩 변한다.) [4점]

① $\dfrac{1}{4}$ ② $\dfrac{5}{16}$ ③ $\dfrac{3}{8}$

④ $\dfrac{7}{16}$ ⑤ $\dfrac{1}{2}$

420 2020년 10월 교육청 나형 9번

한 개의 동전을 6번 던져서 앞면이 2번 이상 나올 확률은? [3점]

① $\dfrac{51}{64}$ ② $\dfrac{53}{64}$ ③ $\dfrac{55}{64}$

④ $\dfrac{57}{64}$ ⑤ $\dfrac{59}{64}$

유형 01 사건의 독립과 종속의 판정

423 2006학년도 6월 평가원 가형 25번

어느 회사의 전체 직원은 기혼남성 6명, 미혼남성 20명, 기혼여성 36명, 미혼여성 x명이다. 이 회사에서 직원 중 한 사람을 선택하여 선물을 주기로 하였다. 선택된 직원이 남성인 경우를 사건 A라 하고, 미혼인 경우를 사건 B라 하자. 두 사건 A와 B가 서로 독립일 때, x의 값을 구하시오.

(단, 각 직원이 선택될 확률은 같다고 가정한다.) [4점]

→ 424 2005학년도 수능(홀) 나형 24번

다음은 어느 회사에서 전체 직원 360명을 대상으로 재직 연수와 새로운 조직 개편안에 대한 찬반 여부를 조사한 표이다.

(단위: 명)

재직 연수 \ 찬반 여부	찬성	반대	합계
10년 미만	a	b	120
10년 이상	c	d	240
합계	150	210	360

재직 연수가 10년 미만일 사건과 조직 개편안에 찬성할 사건이 서로 독립일 때, a의 값을 구하시오. [4점]

425 2009년 3월 교육청 가형 30번

주머니 속에 8개의 공이 들어 있다. 이 중 k개는 흰 공이고, 나머지는 검은 공이다. 흰 공에는 1부터 k까지의 자연수가 각각 하나씩 적혀 있고, 검은 공에는 $k+1$부터 8까지의 자연수가 각각 하나씩 적혀 있다. 이 주머니에서 임의로 하나의 공을 꺼낼 때, 흰 공이 나오는 사건을 A라 하고, 홀수가 적힌 공이 나오는 사건을 B라 하자. 두 사건 A, B가 서로 독립이 되도록 자연수 k의 값을 정할 때, 모든 k의 값의 합을 구하시오.

(단, $1 \le k \le 7$이다.) [3점]

→ 426 2019학년도 수능(홀) 가형 27번

한 개의 주사위를 한 번 던진다. 홀수의 눈이 나오는 사건을 A, 6 이하의 자연수 m에 대하여 m의 약수의 눈이 나오는 사건을 B라 하자. 두 사건 A와 B가 서로 독립이 되도록 하는 모든 m의 값의 합을 구하시오. [4점]

유형 02 독립인 사건의 확률 [1]

427 2011학년도 수능(홀) 나형 5번

두 사건 A와 B는 서로 독립이고,

$$P(A)=\frac{2}{3},\ P(A \cap B)=P(A)-P(B)$$

일 때, $P(B)$의 값은? [3점]

① $\frac{1}{10}$ ② $\frac{1}{5}$ ③ $\frac{3}{10}$

④ $\frac{2}{5}$ ⑤ $\frac{1}{2}$

→ 428 2024학년도 수능(홀) 24번

두 사건 A, B는 서로 독립이고

$$P(A \cap B)=\frac{1}{4},\ P(A^C)=2P(A)$$

일 때, $P(B)$의 값은? (단, A^C은 A의 여사건이다.) [3점]

① $\frac{3}{8}$ ② $\frac{1}{2}$ ③ $\frac{5}{8}$

④ $\frac{3}{4}$ ⑤ $\frac{7}{8}$

429 2018학년도 수능(홀) 가형 4번 / 나형 10번

두 사건 A와 B는 서로 독립이고

$$P(A)=\frac{2}{3},\ P(A \cup B)=\frac{5}{6}$$

일 때, $P(B)$의 값은? [3점]

① $\frac{1}{3}$ ② $\frac{5}{12}$ ③ $\frac{1}{2}$

④ $\frac{7}{12}$ ⑤ $\frac{2}{3}$

→ 430 2020년 7월 교육청 가형 4번

두 사건 A와 B는 서로 독립이고

$$P(A^C)=P(B)=\frac{2}{5}$$

일 때, $P(A \cup B)$의 값은? (단, A^C은 A의 여사건이다.) [3점]

① $\frac{16}{25}$ ② $\frac{17}{25}$ ③ $\frac{18}{25}$

④ $\frac{19}{25}$ ⑤ $\frac{4}{5}$

431 2021학년도 수능(홀) 나형 5번

두 사건 A와 B는 서로 독립이고

$$P(A|B)=P(B),\ P(A \cap B)=\frac{1}{9}$$

일 때, $P(A)$의 값은? [3점]

① $\frac{7}{18}$ ② $\frac{1}{3}$ ③ $\frac{5}{18}$

④ $\frac{2}{9}$ ⑤ $\frac{1}{6}$

→ 432 2017학년도 수능(홀) 가형 4번

두 사건 A와 B는 서로 독립이고

$$P(B^C)=\frac{1}{3},\ P(A|B)=\frac{1}{2}$$

일 때, $P(A)P(B)$의 값은? (단, B^C은 B의 여사건이다.) [3점]

① $\frac{5}{6}$ ② $\frac{2}{3}$ ③ $\frac{1}{2}$

④ $\frac{1}{3}$ ⑤ $\frac{1}{6}$

433 2017년 10월 교육청 나형 4번

두 사건 A와 B는 서로 독립이고

$$\mathrm{P}(A \cap B) = \frac{1}{4}, \ \mathrm{P}(A \cap B^C) = \frac{1}{3}$$

일 때, $\mathrm{P}(B)$의 값은? (단, B^C은 B의 여사건이다.) [3점]

① $\dfrac{3}{14}$ ② $\dfrac{2}{7}$ ③ $\dfrac{5}{14}$

④ $\dfrac{3}{7}$ ⑤ $\dfrac{1}{2}$

→ **434** 2019년 10월 교육청 가형 4번

두 사건 A와 B는 서로 독립이고

$$\mathrm{P}(A \mid B) = \frac{1}{3}, \ \mathrm{P}(A \cap B^C) = \frac{1}{12}$$

일 때, $\mathrm{P}(B)$의 값은? (단, B^C은 B의 여사건이다.) [3점]

① $\dfrac{5}{12}$ ② $\dfrac{1}{2}$ ③ $\dfrac{7}{12}$

④ $\dfrac{2}{3}$ ⑤ $\dfrac{3}{4}$

435 2020년 10월 교육청 가형 4번

두 사건 A와 B는 서로 독립이고

$$\mathrm{P}(A^C) = \frac{2}{5}, \ \mathrm{P}(B) = \frac{1}{6}$$

일 때, $\mathrm{P}(A^C \cup B^C)$의 값은? (단, A^C은 A의 여사건이다.)

[3점]

① $\dfrac{1}{2}$ ② $\dfrac{3}{5}$ ③ $\dfrac{7}{10}$

④ $\dfrac{4}{5}$ ⑤ $\dfrac{9}{10}$

→ **436** 2010년 4월 교육청 가형 4번

두 사건 A, B가 서로 독립이고 $\mathrm{P}(A \cap B) = \frac{1}{4}$일 때,

$\mathrm{P}(A \cup B) = k - \frac{1}{4}$이 되도록 하는 실수 k의 최솟값은?

[4점]

① $\dfrac{1}{2}$ ② $\dfrac{5}{8}$ ③ $\dfrac{3}{4}$

④ $\dfrac{7}{8}$ ⑤ 1

유형 **03** 독립인 사건의 확률 [2]

437 2011학년도 수능(홀) 가형 7번

어느 디자인 공모 대회에 철수가 참가하였다. 참가자는 두 항목에서 점수를 받으며, 각 항목에서 받을 수 있는 점수는 표와 같이 3가지 중 하나이다. 철수가 각 항목에서 점수 A를 받을 확률은 $\dfrac{1}{2}$, 점수 B를 받을 확률은 $\dfrac{1}{3}$, 점수 C를 받을 확률은 $\dfrac{1}{6}$이다. 관람객 투표 점수를 받는 사건과 심사 위원 점수를 받는 사건이 서로 독립일 때, 철수가 받는 두 점수의 합이 70일 확률은? [3점]

항목＼점수	점수 A	점수 B	점수 C
관람객 투표	40	30	20
심사 위원	50	40	30

① $\dfrac{1}{3}$ ② $\dfrac{11}{36}$ ③ $\dfrac{5}{18}$

④ $\dfrac{1}{4}$ ⑤ $\dfrac{2}{9}$

→ **438** 2007학년도 6월 평가원 가형 11번

3학년에 7개의 반이 있는 어느 고등학교에서 토너먼트 방식으로 축구 시합을 하려고 하는데 이미 1반은 부전승으로 결정되어 있다. 다음과 같은 형태의 대진표를 만들어 시합을 할 때, 1반과 2반이 축구 시합을 할 확률은? (단, 각 반이 시합에서 이길 확률은 모두 $\dfrac{1}{2}$이고, 기권하는 반은 없다고 한다.)

[3점]

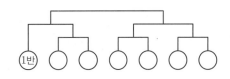

① $\dfrac{3}{4}$ ② $\dfrac{5}{8}$ ③ $\dfrac{1}{2}$

④ $\dfrac{3}{8}$ ⑤ $\dfrac{1}{4}$

A, B, C 세 사람이 한 개의 주사위를 각각 5번씩 던진 후 다음 규칙에 따라 승자를 정한다.

> (가) 1의 눈이 나온 횟수가 세 사람 모두 다르면, 1의 눈이 가장 많이 나온 사람이 승자가 된다.
> (나) 1의 눈이 나온 횟수가 두 사람만 같다면, 횟수가 다른 나머지 한 사람이 승자가 된다.
> (다) 1의 눈이 나온 횟수가 세 사람 모두 같다면, 모두 승자가 된다.

A와 B가 각각 주사위를 5번씩 던진 후, A는 1의 눈이 2번, B는 1의 눈이 1번 나왔다. C가 주사위를 3번째 던졌을 때 처음으로 1의 눈이 나왔다. A 또는 C가 승자가 될 확률은?

[4점]

① $\dfrac{2}{3}$ ② $\dfrac{13}{18}$ ③ $\dfrac{7}{9}$

④ $\dfrac{5}{6}$ ⑤ $\dfrac{8}{9}$

그림과 같이 1, 2, 3, 4, 5, 6의 숫자가 한 면에만 각각 적혀 있는 6장의 카드가 일렬로 놓여 있다. 주사위 한 개를 던져서 나온 눈의 수가 2 이하이면 가장 작은 숫자가 적혀 있는 카드 1장을 뒤집고, 3 이상이면 가장 작은 숫자가 적혀 있는 카드부터 차례로 2장의 카드를 뒤집는 시행을 한다. 3번째 시행에서 4가 적혀 있는 카드가 뒤집어질 확률은?

(단, 모든 카드는 한 번만 뒤집는다.) [4점]

① $\dfrac{4}{9}$ ② $\dfrac{13}{27}$ ③ $\dfrac{14}{27}$

④ $\dfrac{5}{9}$ ⑤ $\dfrac{16}{27}$

441 2019년 7월 교육청 가형 6번

한 개의 주사위를 5번 던져서 나오는 다섯 눈의 수의 곱이 짝수일 확률은? [3점]

① $\dfrac{23}{32}$ ② $\dfrac{25}{32}$ ③ $\dfrac{27}{32}$

④ $\dfrac{29}{32}$ ⑤ $\dfrac{31}{32}$

→ **442** 2016년 10월 교육청 나형 6번

한 개의 동전을 4번 던질 때, 앞면이 적어도 한 번 나올 확률은? [3점]

① $\dfrac{7}{16}$ ② $\dfrac{9}{16}$ ③ $\dfrac{11}{16}$

④ $\dfrac{13}{16}$ ⑤ $\dfrac{15}{16}$

443 2017년 7월 교육청 가형 10번

한 개의 동전을 7번 던질 때, 앞면이 뒷면보다 3번 더 많이 나올 확률은? [3점]

① $\dfrac{19}{128}$ ② $\dfrac{21}{128}$ ③ $\dfrac{23}{128}$

④ $\dfrac{25}{128}$ ⑤ $\dfrac{27}{128}$

→ **444** 2009년 10월 교육청 가형 27번

한 개의 주사위를 던져서 나온 눈의 수를 k라 할 때, 좌표평면에서 원 $(x-\sqrt{3})^2+(y-2)^2=k$가 x축, y축과 모두 만나는 사건을 A라 하자. 한 개의 주사위를 6회 던질 때, 사건 A가 2회 일어날 확률은? [3점]

① $\dfrac{15}{64}$ ② $\dfrac{21}{64}$ ③ $\dfrac{25}{64}$

④ $\dfrac{31}{64}$ ⑤ $\dfrac{35}{64}$

445 2021년 7월 교육청 26번

한 개의 주사위를 세 번 던져서 나오는 눈의 수를 차례로 a, b, c라 할 때, $(a-2)^2+(b-3)^2+(c-4)^2=2$가 성립할 확률은? [3점]

① $\dfrac{1}{18}$ ② $\dfrac{1}{9}$ ③ $\dfrac{1}{6}$

④ $\dfrac{2}{9}$ ⑤ $\dfrac{5}{18}$

446 2005년 7월 교육청 가형 24번

그림과 같은 도로망에서 동점 P는 주사위를 한 번 던질 때마다 다음 규칙에 따라 움직인다.

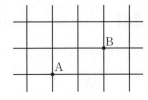

○ 3 이하의 눈이 나오면 오른쪽으로 1칸 이동한다.

○ 4 또는 5의 눈이 나오면 왼쪽으로 1칸 이동한다.

○ 6의 눈이 나오면 위쪽으로 1칸 이동한다.

한 개의 주사위를 5번 던질 때, A지점에 있는 동점 P가 B지점에 있게 될 확률은 $\dfrac{q}{p}$이다. $p+q$의 값을 구하시오.

(단, p, q는 서로소인 자연수이다.) [4점]

447 2012학년도 9월 평가원 나형 12번

주사위를 1개 던져서 나오는 눈의 수가 6의 약수이면 동전을 3개 동시에 던지고, 6의 약수가 아니면 동전을 2개 동시에 던진다. 1개의 주사위를 1번 던진 후 그 결과에 따라 동전을 던질 때, 앞면이 나오는 동전의 개수가 1일 확률은? [3점]

① $\dfrac{1}{3}$ ② $\dfrac{3}{8}$ ③ $\dfrac{5}{12}$

④ $\dfrac{11}{24}$ ⑤ $\dfrac{1}{2}$

448 2013학년도 수능(홀) 가형 11번

흰 공 4개, 검은 공 3개가 들어 있는 주머니가 있다. 이 주머니에서 임의로 2개의 공을 동시에 꺼내어, 꺼낸 2개의 공의 색이 서로 다르면 1개의 동전을 3번 던지고, 꺼낸 2개의 공의 색이 서로 같으면 1개의 동전을 2번 던진다. 이 시행에서 동전의 앞면이 2번 나올 확률은? [3점]

① $\dfrac{9}{28}$ ② $\dfrac{19}{56}$ ③ $\dfrac{5}{14}$

④ $\dfrac{3}{8}$ ⑤ $\dfrac{11}{28}$

유형 05 독립시행의 확률 [2]

449 2012년 7월 교육청 나형 9번

주사위 1개와 동전 5개를 동시에 던져 나온 주사위의 눈의 수를 a, 동전의 앞면의 개수를 b라 할 때, $a=3b$일 확률은?

[3점]

① $\dfrac{1}{64}$ ② $\dfrac{1}{32}$ ③ $\dfrac{3}{64}$

④ $\dfrac{1}{16}$ ⑤ $\dfrac{5}{64}$

→ **450** 2016학년도 수능(홀) B형 8번

한 개의 동전을 5번 던질 때, 앞면이 나오는 횟수와 뒷면이 나오는 횟수의 곱이 6일 확률은? [3점]

① $\dfrac{5}{8}$ ② $\dfrac{9}{16}$ ③ $\dfrac{1}{2}$

④ $\dfrac{7}{16}$ ⑤ $\dfrac{3}{8}$

451 2021학년도 수능(홀) 나형 8번

한 개의 주사위를 세 번 던져서 나오는 눈의 수를 차례로 a, b, c라 할 때, $a \times b \times c = 4$일 확률은? [3점]

① $\dfrac{1}{54}$ ② $\dfrac{1}{36}$ ③ $\dfrac{1}{27}$

④ $\dfrac{5}{108}$ ⑤ $\dfrac{1}{18}$

→ **452** 2023년 7월 교육청 24번

한 개의 주사위를 네 번 던질 때 나오는 눈의 수를 차례로 a, b, c, d라 하자. 네 수 a, b, c, d의 곱 $a \times b \times c \times d$가 27의 배수일 확률은? [3점]

① $\dfrac{1}{9}$ ② $\dfrac{4}{27}$ ③ $\dfrac{5}{27}$

④ $\dfrac{2}{9}$ ⑤ $\dfrac{7}{27}$

453 2014학년도 9월 평가원 B형 6번

한 개의 주사위를 A는 4번 던지고 B는 3번 던질 때, 3의 배수의 눈이 나오는 횟수를 각각 a, b라 하자. $a+b$의 값이 6일 확률은? [3점]

① $\dfrac{10}{3^7}$ ② $\dfrac{11}{3^7}$ ③ $\dfrac{4}{3^6}$

④ $\dfrac{13}{3^7}$ ⑤ $\dfrac{14}{3^7}$

454 2020학년도 수능(홀) 가형 25번

한 개의 주사위를 5번 던질 때 홀수의 눈이 나오는 횟수를 a라 하고, 한 개의 동전을 4번 던질 때 앞면이 나오는 횟수를 b라 하자. $a-b$의 값이 3일 확률을 $\dfrac{q}{p}$라 할 때, $p+q$의 값을 구하시오. (단, p와 q는 서로소인 자연수이다.) [3점]

455 2022학년도 6월 평가원 27번

주사위 2개와 동전 4개를 동시에 던질 때, 나오는 주사위의 눈의 수의 곱과 앞면이 나오는 동전의 개수가 같을 확률은?

[3점]

① $\dfrac{3}{64}$ ② $\dfrac{5}{96}$ ③ $\dfrac{11}{192}$

④ $\dfrac{1}{16}$ ⑤ $\dfrac{13}{192}$

456 2018학년도 수능(홀) 나형 28번

한 개의 동전을 6번 던질 때, 앞면이 나오는 횟수가 뒷면이 나오는 횟수보다 클 확률은 $\dfrac{q}{p}$이다. $p+q$의 값을 구하시오.

(단, p와 q는 서로소인 자연수이다.) [4점]

> 정답과 해설 131쪽

457 2024학년도 9월 평가원 29번

앞면에는 문자 A, 뒷면에는 문자 B가 적힌 한 장의 카드가 있다. 이 카드와 한 개의 동전을 사용하여 다음 시행을 한다.

> 동전을 두 번 던져
> 앞면이 나온 횟수가 2이면 카드를 한 번 뒤집고,
> 앞면이 나온 횟수가 0 또는 1이면 카드를 그대로 둔다.

처음에 문자 A가 보이도록 카드가 놓여 있을 때, 이 시행을 5번 반복한 후 문자 B가 보이도록 카드가 놓일 확률은 p이다. $128 \times p$의 값을 구하시오. [4점]

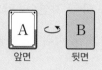
앞면   뒷면

458 2017학년도 6월 평가원 가형 19번

각 면에 1, 2, 3, 4의 숫자가 하나씩 적혀 있는 정사면체 모양의 상자를 던져 밑면에 적힌 숫자를 읽기로 한다. 이 상자를 3번 던져 2가 나오는 횟수를 m, 2가 아닌 숫자가 나오는 횟수를 n이라 할 때, $i^{|m-n|} = -i$일 확률은? (단, $i = \sqrt{-1}$) [4점]

① $\dfrac{3}{8}$ ② $\dfrac{7}{16}$ ③ $\dfrac{1}{2}$

④ $\dfrac{9}{16}$ ⑤ $\dfrac{5}{8}$

459 2019년 10월 교육청 가형 10번

한 개의 주사위와 6개의 동전을 동시에 던질 때, 주사위를 던져서 나온 눈의 수와 6개의 동전 중 앞면이 나온 동전의 개수가 같을 확률은? [3점]

① $\dfrac{9}{64}$ ② $\dfrac{19}{128}$ ③ $\dfrac{5}{32}$

④ $\dfrac{21}{128}$ ⑤ $\dfrac{11}{64}$

460 2015학년도 사관학교 A형 27번

주머니 A에는 흰 구슬 2개, 검은 구슬 1개가 들어 있고, 주머니 B에는 흰 구슬 1개, 검은 구슬 2개가 들어 있다. 한 개의 주사위를 던져서 3의 배수의 눈이 나오면 주머니 A에서 임의로 한 개의 구슬을 꺼내고, 3의 배수가 아닌 눈이 나오면 주머니 B에서 임의로 한 개의 구슬을 꺼낸다. 주사위를 4번 던지고 난 후에 주머니 A에는 검은 구슬이, 주머니 B에는 흰 구슬이 각각 한 개씩 남아 있을 확률은 $\dfrac{q}{p}$이다. $p+q$의 값을 구하시오. (단, p와 q는 서로소인 자연수이고, 꺼낸 구슬은 다시 넣지 않는다.) [4점]

461 2018년 10월 교육청 나형 13번

한 개의 동전을 사용하여 다음 규칙에 따라 점수를 얻는 시행을 한다.

> 한 번 던져 앞면이 나오면 2점, 뒷면이 나오면 1점을 얻는다.

이 시행을 5번 반복하여 얻은 점수의 합이 6 이하일 확률은? [3점]

① $\dfrac{3}{32}$ 　　　② $\dfrac{1}{8}$ 　　　③ $\dfrac{5}{32}$

④ $\dfrac{3}{16}$ 　　　⑤ $\dfrac{7}{32}$

→ **462** 2014학년도 사관학교 B형 26번

지호와 영수는 가위바위보를 한 번 할 때마다 다음과 같은 규칙으로 사탕을 받는 게임을 한다.

> ㈎ 이긴 사람은 2개의 사탕을 받고, 진 사람은 1개의 사탕을 받는다.
> ㈏ 비긴 경우에는 두 사람 모두 1개의 사탕을 받는다.

게임을 시작하고 나서 지호가 받은 사탕의 총 개수가 5인 경우가 생길 확률은 $\dfrac{k}{243}$이다. 자연수 k의 값을 구하시오.
(단, 두 사람이 각각 가위, 바위, 보를 낼 확률은 같다.) [4점]

463 2023학년도 6월 평가원 25번

수직선의 원점에 점 P가 있다. 한 개의 주사위를 사용하여 다음 시행을 한다.

> 주사위를 한 번 던져 나온 눈의 수가
> 6의 약수이면 점 P를 양의 방향으로 1만큼 이동시키고,
> 6의 약수가 아니면 점 P를 이동시키지 않는다.

이 시행을 4번 반복할 때, 4번째 시행 후 점 P의 좌표가 2 이상일 확률은? [3점]

① $\dfrac{13}{18}$ 　　　② $\dfrac{7}{9}$ 　　　③ $\dfrac{5}{6}$

④ $\dfrac{8}{9}$ 　　　⑤ $\dfrac{17}{18}$

→ **464** 2016학년도 사관학교 A형 26번

수직선 위의 원점에 있는 두 점 A, B를 다음의 규칙에 따라 이동시킨다.

> ㈎ 주사위를 던져 5 이상의 눈이 나오면 A를 양의 방향으로 2만큼, B를 음의 방향으로 1만큼 이동시킨다.
> ㈏ 주사위를 던져 4 이하의 눈이 나오면 A를 음의 방향으로 2만큼, B를 양의 방향으로 1만큼 이동시킨다.

주사위를 5번 던지고 난 후 두 점 A, B 사이의 거리가 3 이하가 될 확률이 $\dfrac{q}{p}$일 때, $p+q$의 값을 구하시오.
(단, p와 q는 서로소인 자연수이다.) [4점]

465 2014년 7월 교육청 A형 13번

좌표평면의 원점에 점 P가 있다. 한 개의 동전을 1번 던질 때마다 다음 규칙에 따라 점 P를 이동시키는 시행을 한다.

> (가) 앞면이 나오면 x축의 방향으로 1만큼 평행이동시킨다.
> (나) 뒷면이 나오면 y축의 방향으로 1만큼 평행이동시킨다.

시행을 5번 한 후 점 P가 직선 $x-y=3$ 위에 있을 확률은?

[3점]

① $\dfrac{1}{8}$ ② $\dfrac{5}{32}$ ③ $\dfrac{3}{16}$

④ $\dfrac{7}{32}$ ⑤ $\dfrac{1}{4}$

→ **466** 2015년 10월 교육청 A형 28번

좌표평면 위의 점 P가 다음 규칙에 따라 이동한다.

> (가) 원점에서 출발한다.
> (나) 동전을 1개 던져서 앞면이 나오면 x축의 방향으로 1만큼 평행이동한다.
> (다) 동전을 1개 던져서 뒷면이 나오면 x축의 방향으로 1만큼, y축의 방향으로 1만큼 평행이동한다.

1개의 동전을 6번 던져서 점 P가 (a, b)로 이동하였다. $a+b$가 3의 배수가 될 확률이 $\dfrac{q}{p}$일 때, $p+q$의 값을 구하시오.

(단, p, q는 서로소인 자연수이다.) [4점]

어느 스포츠 용품 가게에서는 별(★) 모양이 그려져 있는 야구공 한 개를 포함하여 모두 20개의 야구공을 한 상자에 넣어 상자 단위로 판매한다. 한 상자에서 5개의 야구공을 임의추출하여 별(★) 모양이 그려져 있는 야구공이 있으면 축구공 한 개를 경품으로 준다. 어느 고객이 이 가게에서 야구공 3상자를 구입하여 경품 당첨 여부를 모두 확인할 때, 축구공 2개를 경품으로 받을 확률은 $\dfrac{q}{p}$이다. $p+q$의 값을 구하시오.

(단, p, q는 서로소인 자연수이다.) [4점]

A대학교에서는 수시모집과 정시모집으로 입학생을 선발한다. 수시모집은 정시모집보다 먼저 실시하고, 수시모집에 지원하여 합격한 학생은 정시모집에 지원할 수 없다고 한다. 어떤 고등학생 3명이 A대학교의 수시모집에 지원하였을 때 합격할 확률은 각각 $\dfrac{1}{2}$이고, 정시모집에 지원하였을 때 합격할 확률은 각각 $\dfrac{1}{3}$이라고 하자. 이 학생 3명이 A대학교의 수시모집에 모두 지원하고, 이 중 불합격한 학생은 다시 A대학교의 정시모집에 지원한다고 할 때, 3명 중 2명이 합격할 확률은? (단, 각 학생이 A대학교에 합격하는 사건은 서로 독립이다.)

[4점]

① $\dfrac{4}{9}$　　② $\dfrac{14}{27}$　　③ $\dfrac{5}{9}$

④ $\dfrac{16}{27}$　　⑤ $\dfrac{2}{3}$

❯ 정답과 해설 135쪽

469 2011학년도 6월 평가원 가형 14번

A, B를 포함한 6명이 정육각형 모양의 탁자에 그림과 같이 둘러 앉아 주사위 한 개를 사용하여 다음 규칙을 따르는 시행을 한다.

> 주사위를 가진 사람이 주사위를 던져 나온 눈의 수가 3의 배수이면 시계 방향으로, 3의 배수가 아니면 시계 반대 방향으로 이웃한 사람에게 주사위를 준다.

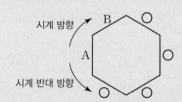

A부터 시작하여 이 시행을 5번 한 후 B가 주사위를 가지고 있을 확률은? [4점]

① $\dfrac{4}{27}$ ② $\dfrac{2}{9}$ ③ $\dfrac{8}{27}$

④ $\dfrac{10}{27}$ ⑤ $\dfrac{4}{9}$

→ **470** 2007년 7월 교육청 나형 28번

꼭짓점이 A_1, A_2, A_3, $\cdots$, A_6인 정육각형 모양의 게임판에서 다음 규칙에 따라 게임이 진행된다.

> 규칙 1. A_1을 출발점으로 한다.
> 규칙 2. 동전을 던져 앞면이 나오면 시계 방향의 이웃한 꼭짓점으로 이동하고 뒷면이 나오면 반시계 방향의 이웃한 꼭짓점으로 이동한다.
> 규칙 3. A_4에 도달하면 더 이상 동전을 던지지 않고 게임은 끝난다.

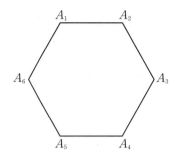

동전을 다섯 번 던져서 게임이 끝날 확률은? [4점]

① $\dfrac{7}{32}$ ② $\dfrac{3}{16}$ ③ $\dfrac{5}{32}$

④ $\dfrac{1}{8}$ ⑤ $\dfrac{3}{32}$

A, B 두 사람이 각각 4개씩 공을 가지고 다음 시행을 한다.

> A, B 두 사람이 주사위를 한 번씩 던져 나온 눈의 수가
> 짝수인 사람은 상대방으로부터 공을 한 개 받는다.

각 시행 후 A가 가진 공의 개수를 세었을 때, 4번째 시행 후 센 공의 개수가 처음으로 6이 될 확률은 $\dfrac{q}{p}$이다. $p+q$의 값을 구하시오. (단, p와 q는 서로소인 자연수이다.) [4점]

상자 A와 상자 B에 각각 6개의 공이 들어 있다. 동전 1개를 사용하여 다음 시행을 한다.

> 동전을 한 번 던져
> 앞면이 나오면 상자 A에서 공 1개를 꺼내어 상자 B에 넣고,
> 뒷면이 나오면 상자 B에서 공 1개를 꺼내어 상자 A에 넣는다.

위의 시행을 6번 반복할 때, 상자 B에 들어 있는 공의 개수가 6번째 시행 후 처음으로 8이 될 확률은? [4점]

① $\dfrac{1}{64}$　　　　② $\dfrac{3}{64}$　　　　③ $\dfrac{5}{64}$

④ $\dfrac{7}{64}$　　　　⑤ $\dfrac{9}{64}$

473 2019년 7월 교육청 가형 13번

주머니에 1, 2, 3, 4의 숫자가 하나씩 적혀 있는 4개의 공이 들어 있다. 이 주머니에서 임의로 2개의 공을 동시에 꺼낼 때, 꺼낸 공에 적혀 있는 숫자의 합이 소수이면 1개의 동전을 2번 던지고, 소수가 아니면 1개의 동전을 3번 던진다. 동전의 앞면이 2번 나왔을 때, 꺼낸 2개의 공에 적혀 있는 숫자의 합이 소수일 확률은? [3점]

① $\dfrac{2}{7}$ ② $\dfrac{5}{14}$ ③ $\dfrac{3}{7}$

④ $\dfrac{1}{2}$ ⑤ $\dfrac{4}{7}$

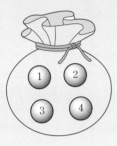

→ **474** 2013학년도 9월 평가원 가형 11번

A가 동전을 2개 던져서 나온 앞면의 개수만큼 B가 동전을 던진다. B가 던져서 나온 앞면의 개수가 1일 때, A가 던져서 나온 앞면의 개수가 2일 확률은? [3점]

① $\dfrac{1}{6}$ ② $\dfrac{1}{5}$ ③ $\dfrac{1}{4}$

④ $\dfrac{1}{3}$ ⑤ $\dfrac{1}{2}$

475 2018학년도 6월 평가원 가형 17번

서로 다른 2개의 주사위를 동시에 던져 나온 눈의 수가 같으면 한 개의 동전을 4번 던지고, 나온 눈의 수가 다르면 한 개의 동전을 2번 던진다. 이 시행에서 동전의 앞면이 나온 횟수와 뒷면이 나온 횟수가 같을 때, 동전을 4번 던졌을 확률은?

[4점]

① $\dfrac{3}{23}$ ② $\dfrac{5}{23}$ ③ $\dfrac{7}{23}$

④ $\dfrac{9}{23}$ ⑤ $\dfrac{11}{23}$

→ 476 2019학년도 수능(홀) 나형 18번

좌표평면의 원점에 점 A가 있다. 한 개의 동전을 사용하여 다음 시행을 한다.

> 동전을 한 번 던져
> 앞면이 나오면 점 A를 x축의 양의 방향으로 1만큼,
> 뒷면이 나오면 점 A를 y축의 양의 방향으로 1만큼
> 이동시킨다.

위의 시행을 반복하여 점 A의 x좌표 또는 y좌표가 처음으로 3이 되면 이 시행을 멈춘다. 점 A의 y좌표가 처음으로 3이 되었을 때, 점 A의 x좌표가 1일 확률은? [4점]

① $\dfrac{1}{4}$ ② $\dfrac{5}{16}$ ③ $\dfrac{3}{8}$

④ $\dfrac{7}{16}$ ⑤ $\dfrac{1}{2}$

477 2021학년도 수능(홀) 가형 19번 / 나형 29번

숫자 3, 3, 4, 4, 4가 하나씩 적힌 5개의 공이 들어 있는 주머니가 있다. 이 주머니와 한 개의 주사위를 사용하여 다음 규칙에 따라 점수를 얻는 시행을 한다.

> 주머니에서 임의로 한 개의 공을 꺼내어
> 꺼낸 공에 적힌 수가 3이면 주사위를 3번 던져서 나오는
> 세 눈의 수의 합을 점수로 하고,
> 꺼낸 공에 적힌 수가 4이면 주사위를 4번 던져서 나오는
> 네 눈의 수의 합을 점수로 한다.

이 시행을 한 번 하여 얻은 점수가 10점일 확률은? [4점]

① $\dfrac{13}{180}$ ② $\dfrac{41}{540}$ ③ $\dfrac{43}{540}$

④ $\dfrac{1}{12}$ ⑤ $\dfrac{47}{540}$

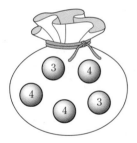

478 2025학년도 수능(홀) 30번

탁자 위에 5개의 동전이 일렬로 놓여 있다. 이 5개의 동전 중 1번째 자리와 2번째 자리의 동전은 앞면이 보이도록 놓여 있고, 나머지 자리의 3개의 동전은 뒷면이 보이도록 놓여 있다. 이 5개의 동전과 한 개의 주사위를 사용하여 다음 시행을 한다.

> 주사위를 한 번 던져 나온 눈의 수가 k일 때,
> $k \le 5$이면 k번째 자리의 동전을 한 번 뒤집어 제자리에 놓고,
> $k = 6$이면 모든 동전을 한 번씩 뒤집어 제자리에 놓는다.

위의 시행을 3번 반복한 후 이 5개의 동전이 모두 앞면이 보이도록 놓여 있을 확률은 $\dfrac{q}{p}$이다. $p+q$의 값을 구하시오.

(단, p와 q는 서로소인 자연수이다.) [4점]

앞면	앞면	뒷면	뒷면	뒷면
↑	↑	↑	↑	↑
1번째 자리	2번째 자리	3번째 자리	4번째 자리	5번째 자리

각 면에 숫자 1, 1, 2, 2, 2, 2가 하나씩 적혀 있는 정육면체 모양의 상자가 있다. 이 상자를 6번 던질 때, n $(1 \le n \le 6)$번째에 바닥에 닿은 면에 적혀 있는 수를 a_n이라 하자.

$a_1+a_2+a_3 > a_4+a_5+a_6$일 때, $a_1=a_4=1$일 확률은 $\dfrac{q}{p}$이다.

$p+q$의 값을 구하시오. (단, p와 q는 서로소인 자연수이다.)

[4점]

하나의 주머니와 두 상자 A, B가 있다. 주머니에는 숫자 1, 2, 3, 4가 하나씩 적힌 4장의 카드가 들어 있고, 상자 A에는 흰 공과 검은 공이 각각 8개 이상 들어 있고, 상자 B는 비어 있다. 이 주머니와 두 상자 A, B를 사용하여 다음 시행을 한다.

주머니에서 임의로 한 장의 카드를 꺼내어
카드에 적힌 수를 확인한 후 다시 주머니에 넣는다.
확인한 수가 1이면
상자 A에 있는 흰 공 1개를 상자 B에 넣고,
확인한 수가 2 또는 3이면
상자 A에 있는 흰 공 1개와 검은 공 1개를 상자 B에 넣고,
확인한 수가 4이면
상자 A에 있는 흰 공 2개와 검은 공 1개를 상자 B에 넣는다.

이 시행을 4번 반복한 후 상자 B에 들어 있는 공의 개수가 8일 때, 상자 B에 들어 있는 검은 공의 개수가 2일 확률은? [4점]

① $\dfrac{3}{70}$ ② $\dfrac{2}{35}$ ③ $\dfrac{1}{14}$

④ $\dfrac{3}{35}$ ⑤ $\dfrac{1}{10}$

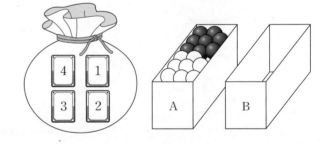

481 2023학년도 수능(홀) 29번

앞면에는 1부터 6까지의 자연수가 하나씩 적혀 있고 뒷면에는 모두 0이 하나씩 적혀 있는 6장의 카드가 있다. 이 6장의 카드가 그림과 같이 6 이하의 자연수 k에 대하여 k번째 자리에 자연수 k가 보이도록 놓여 있다.

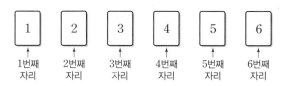

이 6장의 카드와 한 개의 주사위를 사용하여 다음 시행을 한다.

> 주사위를 한 번 던져 나온 눈의 수가 k이면
> k번째 자리에 놓여 있는 카드를 한 번 뒤집어 제자리에 놓는다.

위의 시행을 3번 반복한 후 6장의 카드에 보이는 모든 수의 합이 짝수일 때, 주사위의 1의 눈이 한 번만 나왔을 확률은 $\dfrac{q}{p}$이다. $p+q$의 값을 구하시오.

(단, p와 q는 서로소인 자연수이다.) [4점]

482 2022학년도 수능(홀) 30번

흰 공과 검은 공이 각각 10개 이상 들어 있는 바구니와 비어 있는 주머니가 있다. 한 개의 주사위를 사용하여 다음 시행을 한다.

> 주사위를 한 번 던져
> 나온 눈의 수가 5 이상이면
> 바구니에 있는 흰 공 2개를 주머니에 넣고,
> 나온 눈의 수가 4 이하이면
> 바구니에 있는 검은 공 1개를 주머니에 넣는다.

위의 시행을 5번 반복할 때, n ($1\le n\le 5$)번째 시행 후 주머니에 들어 있는 흰 공과 검은 공의 개수를 각각 a_n, b_n이라 하자. $a_5+b_5\ge 7$일 때, $a_k=b_k$인 자연수 k ($1\le k\le 5$)가 존재할 확률은 $\dfrac{q}{p}$이다. $p+q$의 값을 구하시오.

(단, p와 q는 서로소인 자연수이다.) [4점]

07

이산확률분포

실전 개념 1 이산확률변수 〉유형 01 ~ 05

(1) 이산확률변수

확률변수가 가질 수 있는 값들이 유한개이거나 자연수와 같이 셀 수 있을 때, 이 확률변수를 이산확률변수라 한다.

(2) 확률질량함수의 성질

이산확률변수 X의 확률질량함수 $\mathrm{P}(X=x_i)=p_i$ ($i=1, 2, 3, \cdots, n$)에 대하여
└─ 이산확률변수 X가 가질 수 있는 값 $x_1, x_2, x_3, \cdots, x_n$에 각 값을 가질 확률 $p_1, p_2, p_3, \cdots, p_n$이 대응되는 관계를 나타내는 함수

① $0 \le p_i \le 1$

② $p_1 + p_2 + p_3 + \cdots + p_n = 1$

③ $\mathrm{P}(x_i \le X \le x_j) = p_i + p_{i+1} + p_{i+2} + \cdots + p_j$ (단, $j=1, 2, 3, \cdots, n$, $i \le j$)

실전 개념 2 이산확률변수의 기댓값(평균), 분산, 표준편차 〉유형 01 ~ 05

이산확률변수 X의 확률질량함수가 $\mathrm{P}(X=x_i)=p_i$ ($i=1, 2, 3, \cdots, n$)일 때

(1) 기댓값(평균): $\mathrm{E}(X) = x_1 p_1 + x_2 p_2 + x_3 p_3 + \cdots + x_n p_n$

(2) 분산: $\mathrm{V}(X) = \mathrm{E}((X-m)^2)$
$$= (x_1-m)^2 p_1 + (x_2-m)^2 p_2 + (x_3-m)^2 p_3 + \cdots + (x_n-m)^2 p_n$$
$$= \mathrm{E}(X^2) - \{\mathrm{E}(X)\}^2 \text{ (단, } m=\mathrm{E}(X))$$

(3) 표준편차: $\sigma(X) = \sqrt{\mathrm{V}(X)}$

실전 개념 3 이항분포 〉유형 06 ~ 09

(1) 이항분포

한 번의 시행에서 사건 A가 일어날 확률이 p로 일정할 때, n번의 독립시행에서 사건 A가 일어나는 횟수를 X라 하면 X의 확률질량함수는

$$\mathrm{P}(X=x) = {}_n\mathrm{C}_x p^x q^{n-x} \ (x=0, 1, 2, \cdots, n, \ q=1-p)$$

$$\mathrm{B}(n, p)$$
시행 횟수 ┘ └ 확률

이다. 이와 같은 확률분포를 이항분포라 하고, 기호로 $\mathrm{B}(n, p)$와 같이 나타낸다. 이때 확률변수 X는 이항분포 $\mathrm{B}(n, p)$를 따른다고 한다.

(2) 이항분포의 평균, 분산, 표준편차

확률변수 X가 이항분포 $\mathrm{B}(n, p)$를 따를 때

① $\mathrm{E}(X) = np$ 　　② $\mathrm{V}(X) = npq$ 　　③ $\sigma(X) = \sqrt{npq}$ (단, $q=1-p$)

참고 **큰 수의 법칙**

어떤 시행에서 사건 A가 일어날 수학적 확률이 p이고, n번의 독립시행에서 사건 A가 일어나는 횟수를 X라 할 때, 아무리 작은 양수 h를 택하여도 n을 충분히 크게 하면 $\mathrm{P}\left(\left|\dfrac{X}{n}-p\right|<h\right)$는 1에 가까워진다.

기본 다지고,

---

483 2018년 10월 교육청 나형 7번

이산확률변수 X의 확률분포를 표로 나타내면 다음과 같다.

X	1	2	3	합계
$P(X=x)$	a	$a+\dfrac{1}{4}$	$a+\dfrac{1}{2}$	1

$P(X \le 2)$의 값은? [3점]

① $\dfrac{1}{4}$ ② $\dfrac{7}{24}$ ③ $\dfrac{1}{3}$

④ $\dfrac{3}{8}$ ⑤ $\dfrac{5}{12}$

---

484 2016학년도 9월 평가원 A형 6번

확률변수 X의 확률분포를 표로 나타내면 다음과 같다.

X	-4	0	4	8	합계
$P(X=x)$	$\dfrac{1}{5}$	$\dfrac{1}{10}$	$\dfrac{1}{5}$	$\dfrac{1}{2}$	1

$E(3X)$의 값은? [3점]

① 4   ② 6   ③ 8

④ 10   ⑤ 12

---

485 2016년 7월 교육청 나형 9번

이산확률변수 X의 확률분포를 표로 나타내면 다음과 같다.

X	0	2	4	합계
$P(X=x)$	$\dfrac{1}{6}$	$\dfrac{1}{3}$	$\dfrac{1}{2}$	1

$E(6X+1)$의 값은? [3점]

① 9   ② 11   ③ 13

④ 15   ⑤ 17

---

486 2010학년도 수능(홀) 나형 8번

확률변수 X의 확률분포표는 다음과 같다.

X	0	1	2	합계
$P(X=x)$	$\dfrac{2}{7}$	$\dfrac{3}{7}$	$\dfrac{2}{7}$	1

확률변수 $7X$의 분산 $V(7X)$의 값은? [3점]

① 14   ② 21   ③ 28

④ 35   ⑤ 42

---

487 2006학년도 9월 평가원 가/나형 22번

각 면에 1, 1, 2, 2, 2, 4의 숫자가 하나씩 적혀 있는 정육면체 모양의 상자가 있다. 이 상자를 던졌을 때, 윗면에 적힌 수를 확률변수 X라 하자. 확률변수 $5X+3$의 평균을 구하시오.

[3점]

---

488 2024학년도 9월 평가원 23번

확률변수 X가 이항분포 $B\left(30, \dfrac{1}{5}\right)$을 따를 때, $E(X)$의 값은? [2점]

① 6   ② 7   ③ 8

④ 9   ⑤ 10

---

489 2022학년도 9월 평가원 23번

확률변수 X가 이항분포 $B\left(60, \dfrac{1}{4}\right)$을 따를 때, $E(X)$의 값은? [2점]

① 5   ② 10   ③ 15

④ 20   ⑤ 25

490 2006학년도 수능(홀) 나형 5번

확률변수 X가 이항분포 $B\left(100, \dfrac{1}{5}\right)$을 따를 때, 확률변수 $3X-4$의 표준편차는? [3점]

① 12   ② 15   ③ 18

④ 21   ⑤ 24

491 2023년 10월 교육청 23번

확률변수 X가 이항분포 $B(45, p)$를 따르고 $E(X)=15$일 때, p의 값은? [2점]

① $\dfrac{4}{15}$ ② $\dfrac{1}{3}$ ③ $\dfrac{2}{5}$

④ $\dfrac{7}{15}$ ⑤ $\dfrac{8}{15}$

492 2022학년도 수능(홀) 24번

확률변수 X가 이항분포 $B\left(n, \dfrac{1}{3}\right)$을 따르고 $V(2X)=40$일 때, n의 값은? [3점]

① 30   ② 35   ③ 40

④ 45   ⑤ 50

493 2018년 10월 교육청 가형 6번

한 개의 주사위를 36번 던질 때, 3의 배수의 눈이 나오는 횟수를 확률변수 X라 하자. $V(X)$의 값은? [3점]

① 6   ② 8   ③ 10

④ 12   ⑤ 14

494 2011학년도 수능(홀) 나형 21번

동전 2개를 동시에 던지는 시행을 10회 반복할 때, 동전 2개 모두 앞면이 나오는 횟수를 확률변수 X라고 하자. 확률변수 $4X+1$의 분산 $V(4X+1)$의 값을 구하시오. [3점]

495 2021년 7월 교육청 25번

확률변수 X의 확률분포를 표로 나타내면 다음과 같다.

X	-1	0	1	합계
$P(X=x)$	a	$\dfrac{1}{2}a$	$\dfrac{3}{2}a$	1

$E(X)$의 값은? [3점]

① $\dfrac{1}{12}$ ② $\dfrac{1}{6}$ ③ $\dfrac{1}{4}$

④ $\dfrac{1}{3}$ ⑤ $\dfrac{5}{12}$

→ **496** 2012학년도 9월 평가원 나형 6번

확률변수 X의 확률분포표가 다음과 같다.

X	1	3	7	합계
$P(X=x)$	a	$\dfrac{1}{4}$	b	1

$E(X)=5$일 때, b의 값은? (단, a와 b는 상수이다.) [3점]

① $\dfrac{19}{36}$ ② $\dfrac{5}{9}$ ③ $\dfrac{7}{12}$

④ $\dfrac{11}{18}$ ⑤ $\dfrac{23}{36}$

497 2011학년도 수능(홀) 나형 8번

확률변수 X의 확률분포표는 다음과 같다.

X	-1	0	1	2	합계
$P(X=x)$	$\dfrac{3-a}{8}$	$\dfrac{1}{8}$	$\dfrac{3+a}{8}$	$\dfrac{1}{8}$	1

$P(0\leq X\leq2)=\dfrac{7}{8}$일 때, 확률변수 X의 평균 $E(X)$의 값은?

[3점]

① $\dfrac{1}{4}$ ② $\dfrac{3}{8}$ ③ $\dfrac{1}{2}$

④ $\dfrac{5}{8}$ ⑤ $\dfrac{3}{4}$

→ **498** 2023년 7월 교육청 25번

이산확률변수 X의 확률분포를 표로 나타내면 다음과 같다.

X	1	2	3	합계
$P(X=x)$	a	$a+b$	b	1

$E(X^2)=a+5$일 때, $b-a$의 값은? (단, a, b는 상수이다.)

[3점]

① $\dfrac{1}{12}$ ② $\dfrac{1}{6}$ ③ $\dfrac{1}{4}$

④ $\dfrac{1}{3}$ ⑤ $\dfrac{5}{12}$

499 2010년 3월 교육청 가형 27번

확률변수 X의 확률분포표는 다음과 같다.

X	-1	0	1	합계
$\mathrm{P}(X=x)$	a	$\dfrac{1}{3}$	b	1

확률변수 X의 분산이 $\dfrac{5}{12}$일 때, $(a-b)^2$의 값은? [3점]

① 1　　　　② $\dfrac{1}{2}$　　　　③ $\dfrac{1}{3}$

④ $\dfrac{1}{4}$　　　　⑤ $\dfrac{1}{5}$

→ 500 2008년 7월 교육청 가형 27번

다음은 이산확률변수 X에 대한 확률분포표이다.

X	2	4	a	합계
$\mathrm{P}(X=x)$	b	$\dfrac{1}{4}$	$\dfrac{1}{4}$	1

$\mathrm{E}(X)=4$일 때, $\mathrm{V}(X)$의 값은? [3점]

① 6　　　　② 7　　　　③ 8

④ 9　　　　⑤ 10

501 2017학년도 사관학교 가형 7번

확률변수 X의 확률분포를 표로 나타내면 다음과 같다.

X	0	1	2	합계
$\mathrm{P}(X=x)$	a	b	c	1

$\mathrm{E}(X)=1$, $\mathrm{V}(X)=\dfrac{1}{4}$일 때, $\mathrm{P}(X=0)$의 값은? [3점]

① $\dfrac{1}{32}$　　　　② $\dfrac{1}{16}$　　　　③ $\dfrac{1}{8}$

④ $\dfrac{1}{4}$　　　　⑤ $\dfrac{1}{2}$

→ 502 2023학년도 9월 평가원 27번

이산확률변수 X의 확률분포를 표로 나타내면 다음과 같다.

X	0	1	a	합계
$\mathrm{P}(X=x)$	$\dfrac{1}{10}$	$\dfrac{1}{2}$	$\dfrac{2}{5}$	1

$\sigma(X)=\mathrm{E}(X)$일 때, $\mathrm{E}(X^2)+\mathrm{E}(X)$의 값은? (단, $a>1$)
[3점]

① 29　　　　② 33　　　　③ 37

④ 41　　　　⑤ 45

503 2009년 7월 교육청 가형 28번

이산확률변수 X에 대한 확률질량함수

$P(X=x)=\dfrac{k}{x(x+1)}$ $(x=1, 2, 3, \cdots, 10)$이 정의되도록

하는 상수 k의 값은? [3점]

① $\dfrac{9}{10}$　　　② 1　　　③ $\dfrac{11}{10}$

④ $\dfrac{6}{5}$　　　⑤ $\dfrac{13}{10}$

→ **504** 2009학년도 9월 평가원 가형 27번

이산확률변수 X가 취할 수 있는 값이 -2, -1, 0, 1, 2이고 X의 확률질량함수가

$$P(X=x)=\begin{cases} k-\dfrac{x}{9} & (x=-2, -1, 0) \\ k+\dfrac{x}{9} & (x=1, 2) \end{cases}$$

일 때, 상수 k의 값은? [3점]

① $\dfrac{1}{15}$　　　② $\dfrac{2}{15}$　　　③ $\dfrac{1}{5}$

④ $\dfrac{4}{15}$　　　⑤ $\dfrac{1}{3}$

505 2006년 3월 교육청 가형 30번

확률변수 X는 $1, 2, 3, \cdots, n$의 값을 취하고,
$X=k$ $(1 \le k \le n)$일 확률이

$P(X=k)=ck$ (단, c는 상수)

라 한다. 확률변수 X의 표준편차가 $\sqrt{6}$이 되도록 하는 자연수 n의 값을 구하시오. [4점]

→ **506** 2008학년도 수능(홀) 가형 27번

이산확률변수 X에 대하여

$P(X=2)=1-P(X=0)$, $0<P(X=0)<1$

$\{E(X)\}^2=2V(X)$

일 때, 확률 $P(X=2)$의 값은? [3점]

① $\dfrac{1}{6}$　　　② $\dfrac{1}{3}$　　　③ $\dfrac{1}{2}$

④ $\dfrac{2}{3}$　　　⑤ $\dfrac{5}{6}$

확률질량함수와 이산확률변수의 평균, 분산, 표준편차 [2]

507 2025학년도 9월 평가원 27번

이산확률변수 X가 가지는 값이 0부터 4까지의 정수이고

$$P(X=k)=P(X=k+2)\ (k=0,\ 1,\ 2)$$

이다. $E(X^2)=\dfrac{35}{6}$일 때, $P(X=0)$의 값은? [3점]

① $\dfrac{1}{24}$ ② $\dfrac{1}{12}$ ③ $\dfrac{1}{8}$

④ $\dfrac{1}{6}$ ⑤ $\dfrac{5}{24}$

→ **508** 2018학년도 9월 평가원 가형 14번

두 이산확률변수 X와 Y가 가지는 값이 각각 1부터 5까지의 자연수이고

$$P(Y=k)=\dfrac{1}{2}P(X=k)+\dfrac{1}{10}\ (k=1,\ 2,\ 3,\ 4,\ 5)$$

이다. $E(X)=4$일 때, $E(Y)$의 값은? [4점]

① $\dfrac{5}{2}$ ② $\dfrac{7}{2}$ ③ $\dfrac{9}{2}$

④ $\dfrac{11}{2}$ ⑤ $\dfrac{13}{2}$

확률변수 $aX+b$의 평균, 분산, 표준편차 [1]: 확률분포가 주어진 경우

509 2012학년도 수능(홀) 나형 6번

확률변수 X의 확률분포를 표로 나타내면 다음과 같다.

X	0	1	2	합계
$P(X=x)$	$\dfrac{1}{4}$	a	$2a$	1

$E(4X+10)$의 값은? [3점]

① 11 ② 12 ③ 13
④ 14 ⑤ 15

→ **510** 2014년 10월 교육청 A형 6번

확률변수 X의 확률분포를 표로 나타내면 다음과 같다.

X	1	2	3	합계
$P(X=x)$	$\dfrac{1}{6}$	a	b	1

$E(6X)=13$일 때, $2a+3b$의 값은? [3점]

① $\dfrac{4}{3}$ ② $\dfrac{3}{2}$ ③ $\dfrac{5}{3}$

④ $\dfrac{11}{6}$ ⑤ 2

511 2012년 10월 교육청 가형 24번

확률변수 X의 확률분포표는 다음과 같다.

X	1	2	3	4	합계
$P(X=x)$	a	$2a$	$3a$	$4a$	1

확률변수 $4X+7$의 평균 $E(4X+7)$의 값을 구하시오.

(단, a는 상수이다.) [3점]

→ 512 2016년 10월 교육청 나형 16번

확률변수 X의 확률분포를 표로 나타내면 다음과 같다.

X	2	4	8	16	합계
$P(X=x)$	$\dfrac{{}_4C_1}{k}$	$\dfrac{{}_4C_2}{k}$	$\dfrac{{}_4C_3}{k}$	$\dfrac{{}_4C_4}{k}$	1

$E(3X+1)$의 값은? (단, k는 상수이다.) [4점]

① 13   ② 14   ③ 15
④ 16   ⑤ 17

513 2004학년도 수능(홀) 나형 20번

확률변수 X의 확률분포표가 아래와 같을 때, 확률변수 $Y=10X+5$의 분산을 구하시오. [3점]

X	0	1	2	3	합계
$P(X=x)$	$\dfrac{2}{10}$	$\dfrac{3}{10}$	$\dfrac{3}{10}$	$\dfrac{2}{10}$	1

→ 514 2022년 10월 교육청 25번

이산확률변수 X의 확률분포를 표로 나타내면 다음과 같다.

X	-3	0	a	합계
$P(X=x)$	$\dfrac{1}{2}$	$\dfrac{1}{4}$	$\dfrac{1}{4}$	1

$E(X)=-1$일 때, $V(aX)$의 값은? (단, a는 상수이다.)

[3점]

① 12   ② 15   ③ 18
④ 21   ⑤ 24

➤ 정답과 해설 145쪽

515 2010학년도 9월 평가원 가형 27번

이산확률변수 X의 확률질량함수가

$$P(X=x)=\frac{|x-4|}{7} \ (x=1, 2, 3, 4, 5)$$

일 때, $E(14X+5)$의 값은? [3점]

① 31   ② 35   ③ 39

④ 43   ⑤ 47

➔ 516 2011학년도 수능(홀) 가형 26번

이산확률변수 X의 확률질량함수가

$$P(X=x)=\frac{ax+2}{10} \ (x=-1, 0, 1, 2)$$

일 때, 확률변수 $3X+2$의 분산 $V(3X+2)$의 값은?

(단, a는 상수이다.) [3점]

① 9   ② 18   ③ 27

④ 36   ⑤ 45

517 2010년 10월 교육청 가/나형 23번

확률변수 X의 확률분포표는 다음과 같다.

X	1	2	3	4	5	합계
$P(X=x)$	p_1	p_2	p_3	p_4	p_5	1

$p_5-p_1=\dfrac{8}{25}$, $p_{n+2}-2p_{n+1}+p_n=0 \ (n=1, 2, 3)$일 때, 확률변수 $100X$의 기댓값 $E(100X)$의 값을 구하시오. [4점]

➔ 518 2010년 4월 교육청 가형 10번

표는 세 개의 주사위를 던져서 나온 눈의 수들 중에서 두 수의 차의 최댓값을 확률변수 X라 할 때, 확률변수 X의 확률분포 표이다.

X	0	1	2	3	4	5	합계
$P(X=x)$	$\dfrac{1}{36}$	a	$\dfrac{2}{9}$	b	$\dfrac{2}{9}$	$\dfrac{5}{36}$	1

이때, 확률변수 $Y=12X+5$의 평균 $E(Y)$의 값은? [4점]

① 40   ② 44   ③ 48

④ 52   ⑤ 56

519 2014년 10월 교육청 A형 28번

함수 $y=f(x)$의 그래프가 그림과 같다.

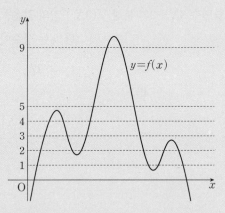

한 개의 주사위를 한 번 던져서 나온 눈의 수를 a라 할 때, 곡선 $y=f(x)$와 직선 $y=a$의 교점의 개수를 확률변수 X라 하자. $\mathrm{E}(X)=\dfrac{q}{p}$라 할 때, $p+q$의 값을 구하시오.

(단, p, q는 서로소인 자연수이다.) [4점]

→ 520 2014학년도 수능(홀) A형 27번

1부터 5까지의 자연수가 각각 하나씩 적혀 있는 5개의 서랍이 있다. 5개의 서랍 중 영희에게 임의로 2개를 배정해 주려고 한다. 영희에게 배정되는 서랍에 적혀 있는 자연수 중 작은 수를 확률변수 X라 할 때, $\mathrm{E}(10X)$의 값을 구하시오. [4점]

521 2010년 10월 교육청 가형 29번

1이 적혀 있는 구슬이 1개, 2가 적혀 있는 구슬이 3개, 3이 적혀 있는 구슬이 5개가 들어 있는 주머니가 있다. 이 주머니에서 구슬 두 개를 동시에 꺼낼 때, 두 개의 구슬에 적혀 있는 수의 곱을 X라 하자. 확률변수 X의 기댓값 $\mathrm{E}(X)$의 값은? [4점]

① $\dfrac{61}{12}$ ② $\dfrac{65}{12}$ ③ $\dfrac{71}{12}$

④ $\dfrac{73}{12}$ ⑤ $\dfrac{77}{12}$

→ 522 2020년 7월 교육청 나형 26번

주머니 속에 숫자 1, 2, 3, 4가 각각 하나씩 적혀 있는 4개의 공이 들어 있다. 이 주머니에서 임의로 1개의 공을 꺼내어 공에 적혀 있는 수를 확인한 후 다시 넣는다. 이 과정을 2번 반복할 때, 꺼낸 공에 적혀 있는 수를 차례로 a, b라 하자. $a-b$의 값을 확률변수 X라 할 때, 확률변수 $Y=2X+1$의 분산 $\mathrm{V}(Y)$의 값을 구하시오. [4점]

> 정답과 해설 147쪽

523 2008학년도 6월 평가원 가형 23번

검은 공 3개, 흰 공 2개가 들어 있는 주머니가 있다. 이 주머니에서 한 개의 공을 꺼내어 색을 확인한 후 다시 넣지 않는다. 이와 같은 시행을 반복할 때, 흰 공 2개가 나올 때까지의 시행 횟수를 X라 하면 $P(X>3)=\dfrac{q}{p}$이다. $p+q$의 값을 구하시오. (단, p와 q는 서로소인 자연수이다.) [4점]

524 2010년 3월 교육청 가형 23번

그림과 같이 숫자 1, 2, 3이 각각 하나씩 적혀 있는 흰 공 3개와 검은 공 3개가 들어 있는 주머니가 있다. 이 주머니에서 임의로 2개의 공을 동시에 꺼낼 때, 꺼낸 공에 적혀 있는 숫자의 최솟값을 확률변수 X라 하자.

X의 평균이 $\dfrac{q}{p}$일 때, $p+q$의 값을 구하시오.

(단, p, q는 서로소인 자연수이다.) [4점]

525 2024학년도 수능(홀) 26번

4개의 동전을 동시에 던져서 앞면이 나오는 동전의 개수를 확률변수 X라 하고, 이산확률변수 Y를

$$Y=\begin{cases} X & (X가\ 0\ 또는\ 1의\ 값을\ 가지는\ 경우) \\ 2 & (X가\ 2\ 이상의\ 값을\ 가지는\ 경우) \end{cases}$$

라 하자. $E(Y)$의 값은? [3점]

① $\dfrac{25}{16}$　　② $\dfrac{13}{8}$　　③ $\dfrac{27}{16}$

④ $\dfrac{7}{4}$　　⑤ $\dfrac{29}{16}$

526 2009학년도 수능(홀) 가형 27번

한 개의 동전을 세 번 던져 나온 결과에 대하여, 다음 규칙에 따라 얻은 점수를 확률변수 X라 하자.

> (가) 같은 면이 연속하여 나오지 않으면 0점으로 한다.
> (나) 같은 면이 연속하여 두 번만 나오면 1점으로 한다.
> (다) 같은 면이 연속하여 세 번 나오면 3점으로 한다.

확률변수 X의 분산 $V(X)$의 값은? [3점]

① $\dfrac{9}{8}$　　② $\dfrac{19}{16}$　　③ $\dfrac{5}{4}$

④ $\dfrac{21}{16}$　　⑤ $\dfrac{11}{8}$

527 2007년 10월 교육청 나형 18번

확률변수 X는 이항분포 $\mathrm{B}\left(n, \dfrac{1}{2}\right)$을 따른다.

$\mathrm{P}(X=2)=10\mathrm{P}(X=1)$이 성립할 때, n의 값을 구하시오.

[3점]

→ **528** 2008년 10월 교육청 가/나형 22번

확률변수 X는 이항분포 $\mathrm{B}(3,\ p)$를 따르고 확률변수 Y는 이항분포 $\mathrm{B}(4,\ 2p)$를 따른다고 한다. 이때,

$10\mathrm{P}(X=3)=\mathrm{P}(Y\geq3)$을 만족시키는 양수 p의 값은 $\dfrac{n}{m}$이다. $m+n$의 값을 구하시오.

(단, m, n은 서로소인 자연수이다.) [3점]

529 2020학년도 수능(홀) 가형 23번 / 나형 24번

확률변수 X가 이항분포 $\mathrm{B}(80,\ p)$를 따르고 $\mathrm{E}(X)=20$일 때, $\mathrm{V}(X)$의 값을 구하시오. [3점]

→ **530** 2020년 10월 교육청 가형 23번

확률변수 X가 이항분포 $\mathrm{B}\left(n, \dfrac{1}{3}\right)$을 따르고 $\mathrm{V}(X)=200$일 때, $\mathrm{E}(X)$의 값을 구하시오. [3점]

531 2019학년도 9월 평가원 가형 24번 / 나형 27번

이항분포 $B\left(n, \dfrac{1}{2}\right)$을 따르는 확률변수 X에 대하여

$V\left(\dfrac{1}{2}X+1\right)=5$일 때, n의 값을 구하시오. [3점]

→ **532** 2020년 10월 교육청 나형 23번

이항분포 $B\left(n, \dfrac{1}{2}\right)$을 따르는 확률변수 X에 대하여

$V(2X+1)=15$일 때, n의 값을 구하시오. [3점]

533 2022년 7월 교육청 24번

확률변수 X가 이항분포 $B\left(n, \dfrac{1}{3}\right)$을 따르고 $E(3X-1)=17$일 때, $V(X)$의 값은? [3점]

① 2 ② $\dfrac{8}{3}$ ③ $\dfrac{10}{3}$

④ 4 ⑤ $\dfrac{14}{3}$

→ **534** 2019년 10월 교육청 가형 24번

이항분포 $B\left(n, \dfrac{1}{3}\right)$을 따르는 확률변수 X에 대하여

$V(2X-1)=80$일 때, $E(2X-1)$의 값을 구하시오. [3점]

535 2020년 7월 교육청 가형 24번

확률변수 X가 이항분포 $B\left(36, \dfrac{2}{3}\right)$를 따른다.

$E(2X-a)=V(2X-a)$를 만족시키는 상수 a의 값을 구하시오. [3점]

→ **536** 2013학년도 수능(홀) 나형 10번

확률변수 X가 이항분포 $B(n, p)$를 따른다. 확률변수 $2X-5$의 평균과 표준편차가 각각 175와 12일 때, n의 값은? [3점]

① 130 ② 135 ③ 140

④ 145 ⑤ 150

537 2014학년도 수능(홀) A형 9번

확률변수 X가 이항분포 $B(9, p)$를 따르고
$\{E(X)\}^2=V(X)$일 때, p의 값은? (단, $0<p<1$) [3점]

① $\dfrac{1}{13}$　　② $\dfrac{1}{12}$　　③ $\dfrac{1}{11}$

④ $\dfrac{1}{10}$　　⑤ $\dfrac{1}{9}$

→ **538** 2019학년도 수능(홀) 가형 8번

확률변수 X가 이항분포 $B\left(n, \dfrac{1}{2}\right)$을 따르고
$E(X^2)=V(X)+25$를 만족시킬 때, n의 값은? [3점]

① 10　　② 12　　③ 14

④ 16　　⑤ 18

539 2015년 10월 교육청 A형 26번

확률변수 X가 이항분포 $B(n, p)$를 따르고 $E(3X)=18$,
$E(3X^2)=120$일 때, n의 값을 구하시오. [4점]

→ **540** 2016학년도 경찰대학 8번

확률변수 X가 이항분포 $B(n, p)$를 따르고 $E(X^2)=40$,
$E(3X+1)=19$일 때, $\dfrac{P(X=1)}{P(X=2)}$의 값은? [4점]

① $\dfrac{4}{17}$　　② $\dfrac{7}{17}$　　③ $\dfrac{10}{17}$

④ $\dfrac{13}{17}$　　⑤ $\dfrac{16}{17}$

541 2010학년도 9월 평가원 나형 23번

확률변수 X가 이항분포 $B(10, p)$를 따르고,

$$P(X=4)=\dfrac{1}{3}P(X=5)$$

일 때, $E(7X)$의 값을 구하시오. (단, $0<p<1$) [3점]

→ **542** 2010년 7월 교육청 가형 30번

확률변수 X가 이항분포 $B(25, p)$를 따르고
$P(X=2)=48P(X=1)$이다. 확률변수 X에 대하여 X^2의
평균을 구하시오. (단, $p \neq 0$) [4점]

유형 08 이항분포에서의 평균, 분산, 표준편차 [2]: 확률질량함수가 주어진 경우

543 2010년 10월 교육청 나형 30번

10 이하의 음이 아닌 정수 r에 대하여 함수 f를

$$f(r)={}_{10}C_r\left(\frac{1}{2}\right)^{10}$$

이라 할 때, $2\sum\limits_{r=0}^{10}r^2f(r)$의 값을 구하시오. [4점]

→ 544 2009년 7월 교육청 가형 30번

어느 배구선수의 공격이 성공하는 횟수를 확률변수 X라 하면, n번 공격했을 때 k번 성공할 확률은 다음과 같다.

$$P(X=k)={}_nC_k\left(\frac{1}{2}\right)^n$$

이때, $\sum\limits_{k=0}^{n}(k+1)^2P(X=k)=451$을 만족하는 n의 값을 구하시오. [4점]

545 2007학년도 9월 평가원 나형 29번

이산확률변수 X가 값 x를 가질 확률이

$$P(X=x)={}_nC_x p^x(1-p)^{n-x}$$

(단, $x=0,\ 1,\ 2,\ \cdots,\ n$이고 $0<p<1$)

이다. $E(X)=1$, $V(X)=\dfrac{9}{10}$일 때, $P(X<2)$의 값은? [4점]

① $\dfrac{19}{10}\left(\dfrac{9}{10}\right)^9$
② $\dfrac{17}{9}\left(\dfrac{8}{9}\right)^8$
③ $\dfrac{15}{8}\left(\dfrac{7}{8}\right)^7$

④ $\dfrac{13}{7}\left(\dfrac{6}{7}\right)^6$
⑤ $\dfrac{11}{6}\left(\dfrac{5}{6}\right)^5$

→ 546 2019학년도 사관학교 나형 26번

확률변수 X가 가지는 값이 0부터 25까지의 정수이고,

$0<p<\dfrac{1}{2}$인 실수 p에 대하여 X의 확률질량함수는

$$P(X=x)={}_{25}C_x p^x(1-p)^{25-x}\ (x=0,\ 1,\ 2,\ \cdots,\ 25)$$

이다. $V(X)=4$일 때, $E(X^2)$의 값을 구하시오. [4점]

547 2015학년도 9월 평가원 A형 13번

이차함수 $y=f(x)$의 그래프는 그림과 같고, $f(0)=f(3)=0$ 이다. 한 개의 주사위를 던져 나온 눈의 수 m에 대하여 $f(m)$ 이 0보다 큰 사건을 A라 하자. 한 개의 주사위를 15회 던지는 독립시행에서 사건 A가 일어나는 횟수를 확률변수 X라 할 때, $E(X)$의 값은? [3점]

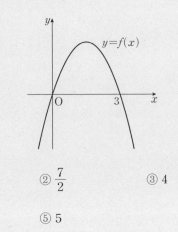

① 3
② $\dfrac{7}{2}$
③ 4
④ $\dfrac{9}{2}$
⑤ 5

→ **548** 2009학년도 9월 평가원 나형 8번

한 개의 주사위를 던져 나온 눈의 수 a에 대하여 직선 $y=ax$ 와 곡선 $y=x^2-2x+4$가 서로 다른 두 점에서 만나는 사건을 A라 하자. 한 개의 주사위를 300회 던지는 독립시행에서 사건 A가 일어나는 횟수를 확률변수 X라 할 때, X의 평균 $E(X)$는? [4점]

① 100
② 150
③ 180
④ 200
⑤ 240

549 2014학년도 사관학교 B형 5번

주머니 속에 1, 2, 3, 4, 5의 수가 각각 하나씩 적힌 5개의 공이 들어 있다. 이 주머니에서 임의로 3개의 공을 동시에 꺼내어 적힌 수를 확인하고 다시 집어넣는 시행을 한다. 이와 같은 시행을 25회 반복할 때, 꺼낸 3개의 공에 적힌 수들 중 두 수의 합이 나머지 한 수와 같은 경우가 나오는 횟수를 확률변수 X라 하자. 확률변수 X^2의 평균 $E(X^2)$의 값은? [3점]

① 102
② 104
③ 106
④ 108
⑤ 110

→ **550** 2009학년도 수능(홀) 나형 30번

두 주사위 A, B를 동시에 던질 때, 나오는 각각의 눈의 수 m, n에 대하여 $m^2+n^2\leq25$가 되는 사건을 E라 하자. 두 주사위 A, B를 동시에 던지는 12회의 독립시행에서 사건 E가 일어나는 횟수를 확률변수 X라 할 때, X의 분산 $V(X)$는 $\dfrac{q}{p}$이다. $p+q$의 값을 구하시오. (단, p, q는 서로소인 자연수이다.) [4점]

> 정답과 해설 152쪽

551 2011학년도 9월 평가원 가/나형 13번

두 사람 A와 B가 각각 주사위를 한 개씩 동시에 던지는 시행을 한다. 이 시행에서 나온 두 주사위의 눈의 수의 차가 3보다 작으면 A가 1점을 얻고, 그렇지 않으면 B가 1점을 얻는다. 이와 같은 시행을 15회 반복할 때, A가 얻는 점수의 합의 기댓값과 B가 얻는 점수의 합의 기댓값의 차는? [4점]

① 1 ② 3 ③ 5
④ 7 ⑤ 9

→ **552** 2008학년도 수능(홀) 나형 23번

한 개의 주사위를 20번 던질 때 1의 눈이 나오는 횟수를 확률변수 X라 하고, 한 개의 동전을 n번 던질 때 앞면이 나오는 횟수를 확률변수 Y라 하자. Y의 분산이 X의 분산보다 크게 되도록 하는 n의 최솟값을 구하시오. [4점]

553 2021학년도 수능(홀) 가형 17번

좌표평면의 원점에 점 P가 있다. 한 개의 주사위를 사용하여 다음 시행을 한다.

주사위를 한 번 던져 나온 눈의 수가
2 이하이면 점 P를 x축의 양의 방향으로 3만큼,
3 이상이면 점 P를 y축의 양의 방향으로 1만큼
이동시킨다.

이 시행을 15번 반복하여 이동된 점 P와 직선 $3x+4y=0$ 사이의 거리를 확률변수 X라 하자. E(X)의 값은? [4점]

① 13 ② 15 ③ 17
④ 19 ⑤ 21

→ 554 2022학년도 사관학교 29번

그림과 같이 8개의 칸에 숫자 0, 1, 2, 3, 4, 5, 6, 7이 하나씩 적혀 있는 말판이 있고, 숫자 0이 적혀 있는 칸에 말이 놓여 있다. 한 개의 주사위를 사용하여 다음 시행을 한다.

주사위를 한 번 던져
나오는 눈의 수가 3 이상이면 말을 화살표 방향으로 한 칸
이동시키고,
나오는 눈의 수가 3보다 작으면 말을 화살표 반대 방향으로
한 칸 이동시킨다.

위의 시행을 4회 반복한 후 말이 도착한 칸에 적혀 있는 수를 확률변수 X라 하자. E$(36X)$의 값을 구하시오. [4점]

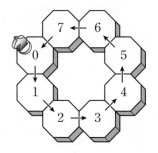

555 2022학년도 9월 평가원 29번

두 이산확률변수 X, Y의 확률분포를 표로 나타내면 각각 다음과 같다.

X	1	3	5	7	9	합계
$\mathrm{P}(X=x)$	a	b	c	b	a	1

Y	1	3	5	7	9	합계
$\mathrm{P}(Y=y)$	$a+\dfrac{1}{20}$	b	$c-\dfrac{1}{10}$	b	$a+\dfrac{1}{20}$	1

$V(X)=\dfrac{31}{5}$일 때, $10 \times V(Y)$의 값을 구하시오. [4점]

556 2021학년도 9월 평가원 가형 26번 / 나형 27번

두 이산확률변수 X, Y의 확률분포를 표로 나타내면 각각 다음과 같다.

X	1	2	3	4	합계
$\mathrm{P}(X=x)$	a	b	c	d	1

Y	11	21	31	41	합계
$\mathrm{P}(Y=y)$	a	b	c	d	1

$E(X)=2$, $E(X^2)=5$일 때, $E(Y)+V(Y)$의 값을 구하시오. [4점]

08

연속확률분포

(1) **연속확률변수**: 확률변수가 어떤 범위에 속하는 모든 실수의 값을 가질 때, 이 확률변수를 연속확률변수라 한다.

(2) **확률밀도함수**: $\alpha \leq X \leq \beta$에서 모든 실수의 값을 가지는 연속확률변수 X에 대하여 $\alpha \leq x \leq \beta$에서 정의된 함수 $f(x)$가 다음 세 가지 성질을 모두 만족시킬 때, 함수 $f(x)$를 확률변수 X의 확률밀도함수라 한다.

① $f(x) \geq 0$

② 함수 $y=f(x)$의 그래프와 x축 및 두 직선 $x=\alpha$, $x=\beta$로 둘러싸인 도형의 넓이가 1이다.

③ $\mathrm{P}(a \leq X \leq b)$는 함수 $y=f(x)$의 그래프와 x축 및 두 직선 $x=a$, $x=b$로 둘러싸인 도형의 넓이와 같다.

(단, $\alpha \leq a \leq b \leq \beta$)

(1) **정규분포**: 실수 전체의 집합에서 정의된 연속확률변수 X의 확률밀도함수 $f(x)$가 두 상수 m, σ $(\sigma > 0)$에 대하여

$$f(x) = \frac{1}{\sqrt{2\pi}\sigma} e^{-\frac{(x-m)^2}{2\sigma^2}} \quad (e=2.718\cdots \text{인 무리수})$$

일 때, X의 확률분포를 정규분포라 하고, 기호로 $\mathrm{N}(m, \sigma^2)$과 같이 나타낸다. 이때 확률변수 X는 정규분포 $\mathrm{N}(m, \sigma^2)$을 따른다고 한다.

(2) **정규분포 곡선의 성질**

정규분포 $\mathrm{N}(m, \sigma^2)$을 따르는 확률변수 X의 정규분포 곡선은 다음과 같은 성질을 갖는다.

① 직선 $x=m$에 대하여 대칭이고, x축이 점근선인 종 모양의 곡선이다.

② 곡선과 x축 사이의 넓이는 1이다.

③ σ의 값이 일정할 때, m의 값이 달라지면 대칭축의 위치는 바뀌지만 곡선의 모양은 변하지 않는다.

④ m의 값이 일정할 때, σ의 값이 클수록 가운데 부분의 높이는 낮아지고 옆으로 퍼진 모양이 된다.

(3) **표준정규분포**: 평균이 0이고 분산이 1인 정규분포 $\mathrm{N}(0, 1)$을 표준정규분포라 한다.

(4) **정규분포의 표준화**: 확률변수 X가 정규분포 $\mathrm{N}(m, \sigma^2)$을 따를 때, 확률변수 $Z = \dfrac{X-m}{\sigma}$ 은 표준정규분포 $\mathrm{N}(0, 1)$을 따른다. 이와 같이 확률변수 X를 확률변수 Z로 바꾸는 것을 표준화라 한다.

확률변수 X가 이항분포 $\mathrm{B}(n, p)$를 따를 때, n이 충분히 크면 X는 근사적으로 정규분포 $\mathrm{N}(np, npq)$를 따른다. (단, $q=1-p$)

→ $\mathrm{E}(X)=np$, $\mathrm{V}(X)=npq$

557 2017학년도 9월 평가원 나형 11번

연속확률변수 X가 갖는 값의 범위는 $0 \leq X \leq 1$이고, X의 확률밀도함수의 그래프는 그림과 같다.

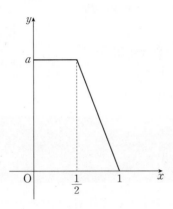

상수 a의 값은? [3점]

① $\dfrac{10}{9}$ ② $\dfrac{11}{9}$ ③ $\dfrac{4}{3}$

④ $\dfrac{13}{9}$ ⑤ $\dfrac{14}{9}$

558 2012년 10월 교육청 나형 8번

연속확률변수 X의 확률밀도함수가 $f(x)=\dfrac{1}{2}x \ (0 \leq x \leq 2)$
일 때, $\mathrm{P}(0 \leq X \leq 1)$의 값은? [3점]

① $\dfrac{1}{16}$ ② $\dfrac{1}{8}$ ③ $\dfrac{1}{4}$

④ $\dfrac{1}{3}$ ⑤ $\dfrac{1}{2}$

559 2011학년도 9월 평가원 나형 14번

연속확률변수 X가 갖는 값의 범위는 $0 \leq X \leq 2$이고, X의 확률밀도함수의 그래프는 그림과 같다.

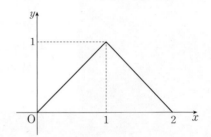

확률 $\mathrm{P}\left(a \leq X \leq a+\dfrac{1}{2}\right)$의 값이 최대가 되도록 하는 상수 a의 값은? [3점]

① $\dfrac{3}{8}$ ② $\dfrac{1}{2}$ ③ $\dfrac{5}{8}$

④ $\dfrac{3}{4}$ ⑤ $\dfrac{7}{8}$

560 2017년 10월 교육청 가형 22번

정규분포 $\mathrm{N}(m,\ 4)$를 따르는 확률변수 X에 대하여 함수
$$g(k)=\mathrm{P}(k-8 \leq X \leq k)$$
는 $k=12$일 때 최댓값을 갖는다. 상수 m의 값을 구하시오.

[3점]

561 2006년 4월 교육청 가형 5번

확률변수 X는 정규분포 $N(m, \sigma^2)$을 따른다. $\frac{1}{5}X$의 분산이 1이고 $P(X \leq 80) = P(X \geq 120)$일 때, $m + \sigma^2$의 값은? [3점]

① 105 　　② 110 　　③ 115

④ 120 　　⑤ 125

563 2014년 10월 교육청 A형 11번

어느 제과 회사에서 만든 과자 1개의 무게는 평균이 16, 표준편차가 0.3인 정규분포를 따른다고 한다. 이 제과 회사에서 만든 과자 중 임의로 1개를 선택할 때, 이 과자의 무게가 15.25 이하일 확률을 오른쪽 표준정규분포표를 이용하여 구한 것은?

(단, 무게의 단위는 g이다.) [3점]

z	$P(0 \leq Z \leq z)$
1.0	0.34
1.5	0.43
2.0	0.48
2.5	0.49

① 0.01 　　② 0.02 　　③ 0.03

④ 0.04 　　⑤ 0.05

562 2018년 10월 교육청 나형 9번

어느 공장에서 생산하는 축구공 1개의 무게는 평균이 430 g이고 표준편차가 14 g인 정규분포를 따른다고 한다. 이 공장에서 생산한 축구공 중에서 임의로 선택한 축구공 1개의 무게가 409 g 이상일 확률을 오른쪽 표준정규분포표를 이용하여 구한 것은? [3점]

z	$P(0 \leq Z \leq z)$
0.5	0.1915
1.0	0.3413
1.5	0.4332
2.0	0.4772
2.5	0.4938

① 0.6915 　　② 0.8413 　　③ 0.9332

④ 0.9772 　　⑤ 0.9938

564 2007년 3월 교육청 가형 13번

$\sum\limits_{k=351}^{369} {}_{400}C_k \left(\frac{9}{10}\right)^k \left(\frac{1}{10}\right)^{400-k}$의 값을 오른쪽 표준정규분포표를 이용하여 구한 것은? [4점]

z	$P(0 \leq Z \leq z)$
0.5	0.1915
1.0	0.3413
1.5	0.4332
2.0	0.4772

① 0.1587 　　② 0.3085

③ 0.6826 　　④ 0.8664

⑤ 0.9544

565 2014학년도 수능 예시문항 A형 8번

연속확률변수 X가 갖는 값의 범위는 $0 \le X \le 10$이고, X의 확률밀도함수의 그래프는 그림과 같다.

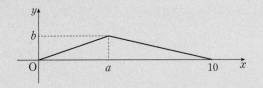

$P(0 \le X \le a) = \dfrac{2}{5}$일 때, 두 상수 a, b의 합 $a+b$의 값은?

[3점]

① $\dfrac{21}{5}$ ② $\dfrac{22}{5}$ ③ $\dfrac{23}{5}$

④ $\dfrac{24}{5}$ ⑤ 5

566 2019학년도 수능(홀) 나형 10번

연속확률변수 X가 갖는 값의 범위는 $0 \le X \le 2$이고, X의 확률밀도함수의 그래프가 그림과 같을 때, $P\left(\dfrac{1}{3} \le X \le a\right)$의 값은? (단, a는 상수이다.) [3점]

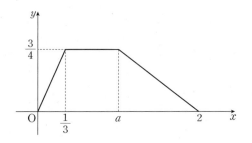

① $\dfrac{11}{16}$ ② $\dfrac{5}{8}$ ③ $\dfrac{9}{16}$

④ $\dfrac{1}{2}$ ⑤ $\dfrac{7}{16}$

567 2015학년도 수능(홀) A형 27번

구간 $[0, 3]$의 모든 실수 값을 가지는 연속확률변수 X에 대하여 X의 확률밀도함수의 그래프는 그림과 같다.

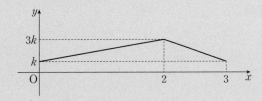

$P(0 \le X \le 2) = \dfrac{q}{p}$라 할 때, $p+q$의 값을 구하시오.

(단, k는 상수이고, p와 q는 서로소인 자연수이다.) [4점]

568 2010학년도 수능(홀) 나형 21번

연속확률변수 X가 갖는 값의 범위는 $0 \le X \le 4$이고 X의 확률밀도함수의 그래프는 다음과 같다. $100P(0 \le X \le 2)$의 값을 구하시오. [4점]

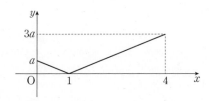

569 2023학년도 수능(홀) 28번

연속확률변수 X가 갖는 값의 범위는 $0 \leq X \leq a$이고, X의 확률밀도함수의 그래프가 그림과 같다.

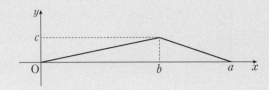

$P(X \leq b) - P(X \geq b) = \dfrac{1}{4}$, $P(X \leq \sqrt{5}) = \dfrac{1}{2}$일 때, $a + b + c$의 값은? (단, a, b, c는 상수이다.) [4점]

① $\dfrac{11}{2}$ ② 6 ③ $\dfrac{13}{2}$

④ 7 ⑤ $\dfrac{15}{2}$

→ 570 2007학년도 수능(홀) 나형 24번

두 양수 a, b에 대하여 연속확률변수 X가 갖는 값의 범위는 $0 \leq X \leq a$이고, 확률밀도함수의 그래프는 다음과 같다.

$P\left(0 \leq X \leq \dfrac{a}{2}\right) = \dfrac{b}{2}$일 때, $a^2 + 4b^2$의 값을 구하시오. [4점]

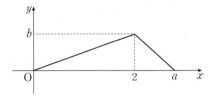

571 2010년 7월 교육청 가형 19번

연속확률변수 X의 확률밀도함수 $f(x)$는 다음과 같다.
$$f(x) = 1 - ax \ (1 \leq x \leq 3)$$

확률 $P(1 \leq X \leq 2) = \dfrac{q}{p}$일 때, $p + q$의 값을 구하시오.

(단, p와 q는 서로소인 자연수이다.) [3점]

→ 572 2016학년도 수능(홀) B형 24번

닫힌구간 $[0, 1]$의 모든 실수 값을 가지는 연속확률변수 X의 확률밀도함수가
$$f(x) = kx(1 - x^3) \ (0 \leq x \leq 1)$$
일 때, $24k$의 값을 구하시오. (단, k는 상수이다.) [3점]

573 2009학년도 6월 평가원 가형 6번

구간 $[0, 2]$에서 정의된 연속확률변수 X의 확률밀도함수 $f(x)$는 다음과 같다.

$$f(x) = \begin{cases} a(1-x) & (0 \leq x < 1) \\ b(x-1) & (1 \leq x \leq 2) \end{cases}$$

$\mathrm{P}(1 \leq X \leq 2) = \dfrac{a}{6}$일 때, $a-b$의 값은? [3점]

① 1   ② $\dfrac{1}{2}$ ③ $\dfrac{1}{3}$

④ $\dfrac{1}{4}$ ⑤ $\dfrac{1}{5}$

→ **574** 2011학년도 6월 평가원 가형 22번

실수 a $(1 < a < 2)$에 대하여 닫힌구간 $[0, 2]$에서 정의된 연속확률변수 X의 확률밀도함수 $f(x)$가

$$f(x) = \begin{cases} \dfrac{x}{a} & (0 \leq x \leq a) \\ \dfrac{x-2}{a-2} & (a < x \leq 2) \end{cases}$$

이다. $\mathrm{P}(1 \leq X \leq 2) = \dfrac{3}{5}$일 때, $100a$의 값을 구하시오. [3점]

575 2021학년도 9월 평가원 가형 5번

연속확률변수 X가 갖는 값의 범위는 $0 \leq X \leq 8$이고, X의 확률밀도함수 $f(x)$의 그래프는 직선 $x=4$에 대하여 대칭이다.

$$3\mathrm{P}(2 \leq X \leq 4) = 4\mathrm{P}(6 \leq X \leq 8)$$

일 때, $\mathrm{P}(2 \leq X \leq 6)$의 값은? [3점]

① $\dfrac{3}{7}$ ② $\dfrac{1}{2}$ ③ $\dfrac{4}{7}$

④ $\dfrac{9}{14}$ ⑤ $\dfrac{5}{7}$

→ **576** 2009학년도 경찰대학 13번

$-2 \leq X \leq 4$의 모든 값을 취하는 확률변수 X의 확률밀도함수 $f(x)$는 다음을 만족시킨다.

$$f(1-x) = f(1+x)$$

$\mathrm{P}(1 \leq X \leq 3) = 2\mathrm{P}(3 \leq X \leq 4)$이고 $\mathrm{P}(0 \leq X \leq 1) = \dfrac{1}{4}$일 때, $\mathrm{P}(0 \leq X \leq 3)$의 값은?

① $\dfrac{5}{12}$ ② $\dfrac{1}{2}$ ③ $\dfrac{7}{12}$

④ $\dfrac{2}{3}$ ⑤ $\dfrac{3}{4}$

577 2015학년도 9월 평가원 A형 29번

구간 $[0, 3]$의 모든 실수 값을 가지는 연속확률변수 X에 대하여

$$P(x \leq X \leq 3) = a(3-x) \ (0 \leq x \leq 3)$$

이 성립할 때, $P(0 \leq X < a) = \dfrac{q}{p}$이다. $p+q$의 값을 구하시오. (단, a는 상수이고, p와 q는 서로소인 자연수이다.) [4점]

→ **578** 2008학년도 9월 평가원 가형 27번

연속확률변수 X가 갖는 값은 구간 $[0, 4]$의 모든 실수이다. 다음은 확률변수 X에 대하여 $g(x) = P(0 \leq X \leq x)$를 나타낸 그래프이다. 확률 $P\left(\dfrac{5}{4} \leq X \leq 4\right)$의 값은? [3점]

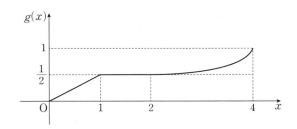

① $\dfrac{1}{4}$ ② $\dfrac{3}{8}$ ③ $\dfrac{1}{2}$

④ $\dfrac{3}{4}$ ⑤ $\dfrac{7}{8}$

579 2008년 10월 교육청 가형 27번

연속확률변수 X가 갖는 값은 구간 $[0, 1]$의 모든 실수이다. 구간 $[0, 1]$에서 두 함수 $F(x)$, $G(x)$를

$$F(x) = P(X \geq x), \quad G(x) = P(X \leq x)$$

로 정의할 때, 보기에서 항상 옳은 것만을 있는 대로 고른 것은? [3점]

┌─ 보기 ─────────────────────────┐

ㄱ. $F(0.3) \leq F(0.2)$

ㄴ. $F(0.4) = G(0.6)$

ㄷ. $F(0.2) - F(0.7) = G(0.7) - G(0.2)$

└─────────────────────────────────┘

① ㄱ   ② ㄴ   ③ ㄱ, ㄴ

④ ㄱ, ㄷ   ⑤ ㄱ, ㄴ, ㄷ

→ **580** 2008학년도 수능(홀) 가형 29번

두 연속확률변수 X, Y에 대하여 닫힌구간 $[0, 1]$에서 두 함수 $G(x)$, $H(x)$를 각각

$$G(x) = P(X > x), \quad H(x) = P(Y > x)$$

로 정의할 때, 함수 $G(x)$는 $G(x) = -x+1 \ (0 \leq x \leq 1)$이고, 함수 $H(x)$의 그래프의 개형은 다음과 같다.

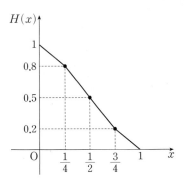

$P(X > k) = P\left(\dfrac{1}{4} < Y \leq \dfrac{3}{4}\right)$을 만족시키는 k의 값은? [4점]

① $\dfrac{2}{15}$ ② $\dfrac{1}{5}$ ③ $\dfrac{4}{15}$

④ $\dfrac{1}{3}$ ⑤ $\dfrac{2}{5}$

581 2010년 7월 교육청 가형 28번

확률변수 X가 정규분포 $N(m, \sigma^2)$을 따를 때, 실수 a, b에 대하여 $P(X<a-3)=P(X>b+2)$가 성립한다. $Y=\dfrac{1}{3}X+1$일 때, 확률변수 Y의 평균은 51, 분산은 $\dfrac{4}{9}$이다. 이때, $a+b+\sigma$의 값은? [3점]

① 299   ② 300   ③ 301
④ 302   ⑤ 303

582 2016학년도 9월 평가원 A형 29번

확률변수 X가 정규분포 $N(4, 3^2)$을 따를 때, $\displaystyle\sum_{n=1}^{7}P(X\le n)=a$이다. $10a$의 값을 구하시오. [4점]

583 2024학년도 9월 평가원 26번

어느 고등학교의 수학 시험에 응시한 수험생의 시험 점수는 평균이 68점, 표준편차가 10점인 정규분포를 따른다고 한다. 이 수학 시험에 응시한 수험생 중 임의로 선택한 수험생 한 명의 시험 점수가 55점 이상이고 78점 이하일 확률을 오른쪽 표준정규분포표를 이용하여 구한 것은? [3점]

z	$P(0\le Z\le z)$
1.0	0.3413
1.1	0.3643
1.2	0.3849
1.3	0.4032

① 0.7262   ② 0.7445   ③ 0.7492
④ 0.7675   ⑤ 0.7881

584 2020학년도 수능(홀) 나형 13번

어느 농장에서 수확하는 파프리카 1개의 무게는 평균이 180 g, 표준편차가 20 g인 정규분포를 따른다고 한다. 이 농장에서 수확한 파프리카 중에서 임의로 선택한 파프리카 1개의 무게가 190 g 이상이고 210 g 이하일 확률을 오른쪽 표준정규분포표를 이용하여 구한 것은? [3점]

z	$P(0\le Z\le z)$
0.5	0.1915
1.0	0.3413
1.5	0.4332
2.0	0.4772

① 0.0440   ② 0.0919   ③ 0.1359
④ 0.1498   ⑤ 0.2417

585 2016학년도 수능(홀) A형 12번

어느 쌀 모으기 행사에 참여한 각 학생이 기부한 쌀의 무게는 평균이 1.5 kg, 표준편차가 0.2 kg인 정규분포를 따른다고 한다. 이 행사에 참여한 학생 중 임의로 1명을 선택할 때, 이 학생이 기부한 쌀의 무게가 1.3 kg 이상이고 1.8 kg 이하일 확률을 오른쪽 표준정규분포표를 이용하여 구한 것은? [3점]

z	$P(0 \leq Z \leq z)$
1.00	0.3413
1.25	0.3944
1.50	0.4332
1.75	0.4599

① 0.8543　　② 0.8012　　③ 0.7745
④ 0.7357　　⑤ 0.6826

586 2017학년도 9월 평가원 가형 10번

어느 실험실의 연구원이 어떤 식물로부터 하루 동안 추출하는 호르몬의 양은 평균이 30.2 mg, 표준편차가 0.6 mg인 정규분포를 따른다고 한다. 어느 날 이 연구원이 하루 동안 추출한 호르몬의 양이 29.6 mg 이상이고 31.4 mg 이하일 확률을 오른쪽 표준정규분포표를 이용하여 구한 것은? [3점]

z	$P(0 \leq Z \leq z)$
0.5	0.1915
1.0	0.3413
1.5	0.4332
2.0	0.4772

① 0.3830　　② 0.5328　　③ 0.6247
④ 0.7745　　⑤ 0.8185

587 2010년 10월 교육청 가/나형 15번

어느 지역에서 재배되는 2년생 더덕 한 뿌리의 무게는 평균 40 g, 표준편차 5 g인 정규분포를 따른다고 한다. 이 지역에서 재배되는 2년생 더덕 중에서 무게가 30 g 미만인 것은 상품화하지 않고, 30 g 이상 45 g 미만인 것은 일반상품으로 분류하고, 45 g 이상인 것은 우수상품으로 분류한다. 이 지역에서 재배되는 2년생 더덕 한 뿌리를 임의로 선택하였을 때 이 더덕이 일반상품으로 분류될 확률을 오른쪽 표준정규분포표를 이용하여 구한 것은? [3점]

z	$P(0 \leq Z \leq z)$
0.5	0.1915
1.0	0.3413
1.5	0.4332
2.0	0.4772

① 0.7745　　② 0.8185　　③ 0.8256
④ 0.8332　　⑤ 0.8413

588 2015학년도 수능(홀) A형 12번

어느 연구소에서 토마토 모종을 심은 지 3주가 지났을 때 토마토 줄기의 길이를 조사한 결과 토마토 줄기의 길이는 평균이 30 cm, 표준편차가 2 cm인 정규분포를 따른다고 한다. 이 연구소에서 토마토 모종을 심은 지 3주가 지났을 때 토마토 줄기 중 임의로 선택한 줄기의 길이가 27 cm 이상이고 32 cm 이하일 확률을 오른쪽 표준정규분포표를 이용하여 구한 것은? [3점]

z	$P(0 \leq Z \leq z)$
1.0	0.3413
1.5	0.4332
2.0	0.4772
2.5	0.4938

① 0.6826　　② 0.7745　　③ 0.8185
④ 0.9104　　⑤ 0.9270

어느 회사 직원들의 어느 날의 출근 시간은 평균이 66.4분, 표준편차가 15분인 정규분포를 따른다고 한다. 이 날 출근 시간이 73분 이상인 직원들 중에서 40 %, 73분 미만인 직원들 중에서 20 %가 지하철을 이용하였고, 나머지 직원들은 다른 교통수단을 이용하였다. 이 날 출근한 이 회사 직원들 중 임의로 선택한 1명이 지하철을 이용하였을 확률은? (단, Z가 표준정규분포를 따르는 확률변수일 때, $P(0 \le Z \le 0.44) = 0.17$로 계산한다.) [4점]

① 0.306   ② 0.296   ③ 0.286

④ 0.276   ⑤ 0.266

어느 뼈 화석이 두 동물 A와 B 중에서 어느 동물의 것인지 판단하는 방법 가운데 한 가지는 특정 부위의 길이를 이용하는 것이다. 동물 A의 이 부위의 길이는 정규분포 $N(10, 0.4^2)$을 따르고, 동물 B의 이 부위의 길이는 정규분포 $N(12, 0.6^2)$을 따른다. 이 부위의 길이가 d 미만이면 동물 A의 화석으로 판단하고, d 이상이면 동물 B의 화석으로 판단한다. 동물 A의 화석을 동물 A의 화석으로 판단할 확률과 동물 B의 화석을 동물 B의 화석으로 판단할 확률이 같아지는 d의 값은?

(단, 길이의 단위는 cm이다.) [4점]

① 10.4   ② 10.5   ③ 10.6

④ 10.7   ⑤ 10.8

유형 04 정규분포의 표준화 [2]: 미지수 구하기

591 2011학년도 9월 평가원 나형 8번

어느 동물의 특정 자극에 대한 반응 시간은 평균이 m, 표준편차가 1인 정규분포를 따른다고 한다. 반응 시간이 2.93 미만일 확률이 0.1003일 때, m의 값을 오른쪽 표준정규분포표를 이용하여 구한 것은? [3점]

z	$P(0 \le Z \le z)$
0.91	0.3186
1.28	0.3997
1.65	0.4505
2.02	0.4783

① 3.47   ② 3.84   ③ 4.21

④ 4.58   ⑤ 4.95

→ **592** 2020학년도 9월 평가원 가형 12번 / 나형 13번

확률변수 X가 평균이 m, 표준편차가 $\dfrac{m}{3}$인 정규분포를 따르고

$$P\left(X \le \frac{9}{2}\right) = 0.9987$$

일 때, 오른쪽 표준정규분포표를 이용하여 m의 값을 구한 것은? [3점]

z	$P(0 \le Z \le z)$
1.5	0.4332
2.0	0.4772
2.5	0.4938
3.0	0.4987

① $\dfrac{3}{2}$ ② $\dfrac{7}{4}$ ③ 2

④ $\dfrac{9}{4}$ ⑤ $\dfrac{5}{2}$

확률변수 X는 평균이 m, 표준편차가 σ인 정규분포를 따르고 $F(x)=P(X \leq x)$라 하자. m이 자연수이고

$$0.5 \leq F\left(\frac{11}{2}\right) \leq 0.6915, \ F\left(\frac{13}{2}\right)=0.8413$$

일 때, $F(k)=0.9772$를 만족시키는 상수 k의 값을 오른쪽 표준 정규분포표를 이용하여 구하시오.

[4점]

z	$P(0 \leq Z \leq z)$
0.5	0.1915
1.0	0.3413
1.5	0.4332
2.0	0.4772

어느 학교 3학년 학생의 A 과목 시험 점수는 평균이 m, 표준편차가 σ인 정규분포를 따르고, B 과목 시험 점수는 평균이 $m+3$, 표준편차가 σ인 정규분포를 따른다고 한다. 이 학교 3학년 학생 중에서 A 과목 시험 점수가 80점 이상인 학생의 비율이 9 %이고, B 과목 시험 점수가 80점 이상인 학생의 비율이 15 %일 때, $m+\sigma$의 값은? (단, Z가 표준정규분포를 따르는 확률변수일 때, $P(0 \leq Z \leq 1.04)=0.35$, $P(0 \leq Z \leq 1.34)=0.41$로 계산한다.) [4점]

① 68.6　　　② 70.6　　　③ 72.6

④ 74.6　　　⑤ 76.6

595 2011학년도 수능(홀) 가형 28번

어느 회사 직원의 하루 생산량은 근무 기간에 따라 달라진다고 한다. 근무 기간이 n개월 $(1 \leq n \leq 100)$인 직원의 하루 생산량은 평균이 $an+100$ (a는 상수), 표준편차가 12인 정규분포를 따른다고 한다. 근무 기간이 16개월인 직원의 하루 생산량이 84 이하일 확률이 0.0228일 때, 근무 기간이 36개월인 직원의 하루 생산량이 100 이상이고 142 이하일 확률을 오른쪽 표준정규분포표를 이용하여 구한 것은? [3점]

z	$P(0 \leq Z \leq z)$
1.0	0.3413
1.5	0.4332
2.0	0.4772
2.5	0.4938

① 0.7745
② 0.8185
③ 0.9104
④ 0.9270
⑤ 0.9710

→ 596 2010학년도 수능(홀) 가/나형 9번

어느 공장에서 생산되는 병의 내압강도는 정규분포 $N(m, \sigma^2)$을 따르고, 내압강도가 40보다 작은 병은 불량품으로 분류한다. 이 공장의 공정능력을 평가하는 공정능력지수 G는

$$G = \frac{m-40}{3\sigma}$$

으로 계산한다. $G=0.8$일 때, 임의로 추출한 한 개의 병이 불량품일 확률을 오른쪽 표준정규분포표를 이용하여 구한 것은? [4점]

z	$P(0 \leq Z \leq z)$
2.2	0.4861
2.3	0.4893
2.4	0.4918
2.5	0.4938

① 0.0139
② 0.0107
③ 0.0082
④ 0.0062
⑤ 0.0038

597 2010년 3월 교육청 가형 17번

모집인원이 200명인 어느 대학의 입학시험에 1000명의 수험생이 응시하였다. 수험생의 점수는 평균이 156점이고 표준편차가 20점인 정규분포를 따른다고 할 때, 합격하기 위한 최저 점수를 오른쪽 표준정규분포표를 이용하여 구한 것은? [3점]

z	$P(0 \le Z \le z)$
0.52	0.20
0.67	0.25
0.84	0.30
1.00	0.34

① 166.4점　　② 168.8점　　③ 169.4점
④ 170.8점　　⑤ 172.8점

→ **598** 2018학년도 경찰대학 3번

입학정원이 35명인 A학과는 올해 대학수학능력시험 4개 영역 표준점수의 총합을 기준으로 하여 성적순에 의하여 신입생을 선발한다. 올해 A학과에 지원한 수험생이 500명이고 이들의 성적은 평균 500점, 표준편차 30점인 정규분포를 따른다고 할 때, A학과에 합격하기 위한 최저 점수를 아래 표준정규분포표를 이용하여 구한 것은? [3점]

z	$P(0 \le Z \le z)$
0.5	0.19
1.0	0.34
1.5	0.43
2.0	0.48
2.5	0.49

① 530　　② 535　　③ 540
④ 545　　⑤ 550

599 2018학년도 9월 평가원 가형 12번 / 나형 14번

확률변수 X는 평균이 m, 표준편차가 σ인 정규분포를 따르고 다음 등식을 만족시킨다.

$$P(m \leq X \leq m+12) - P(X \leq m-12) = 0.3664$$

오른쪽 표준정규분포표를 이용하여 σ의 값을 구한 것은? [3점]

① 4 ② 6
③ 8 ④ 10
⑤ 12

z	$P(0 \leq Z \leq z)$
0.5	0.1915
1.0	0.3413
1.5	0.4332
2.0	0.4772

→ **600** 2018학년도 수능(홀) 가형 26번

확률변수 X가 평균이 m, 표준편차가 σ인 정규분포를 따르고

$$P(X \leq 3) = P(3 \leq X \leq 80) = 0.3$$

일 때, $m+\sigma$의 값을 구하시오.

(단, Z가 표준정규분포를 따르는 확률변수일 때,
$P(0 \leq Z \leq 0.25) = 0.1$, $P(0 \leq Z \leq 0.52) = 0.2$로 계산한다.)

[4점]

601 2014학년도 9월 평가원 B형 20번

양의 실수 전체의 집합에서 정의된 함수 $G(t)$는 평균이 t, 표준편차가 $\dfrac{1}{t^2}$인 정규분포를 따르는 확률변수 X에 대하여

$$G(t) = P\left(X \leq \frac{3}{2}\right)$$

이다. 함수 $G(t)$의 최댓값을 오른쪽 표준정규분포표를 이용하여 구한 것은? [4점]

① 0.3085 ② 0.3446
③ 0.6915 ④ 0.7257
⑤ 0.7580

z	$P(0 \leq Z \leq z)$
0.4	0.1554
0.5	0.1915
0.6	0.2257
0.7	0.2580

→ **602** 2024학년도 수능(홀) 30번

양수 t에 대하여 확률변수 X가 정규분포 $N(1, t^2)$을 따른다.

$$P(X \leq 5t) \geq \frac{1}{2}$$

이 되도록 하는 모든 양수 t에 대하여 $P(t^2-t+1 \leq X \leq t^2+t+1)$의 최댓값을 오른쪽 표준정규분포표를 이용하여 구한 값을 k라 하자. $1000 \times k$의 값을 구하시오. [4점]

z	$P(0 \leq Z \leq z)$
0.6	0.226
0.8	0.288
1.0	0.341
1.2	0.385
1.4	0.419

603 2008학년도 사관학교 문과/이과 16번

확률변수 X는 정규분포 $N(0, \sigma^2)$을 따르고, 확률변수 Z는 표준정규분포 $N(0, 1^2)$을 따른다. 두 확률변수 X, Z의 확률밀도함수를 각각 $f(x)$, $g(x)$라 할 때, 다음 조건이 모두 성립한다.

(가) $\sigma > 1$

(나) 두 곡선 $y=f(x)$, $y=g(x)$는 $x=-1.5$, $x=1.5$일 때 만난다.

두 곡선 $y=f(x)$, $y=g(x)$로 둘러싸인 부분의 넓이가 0.096일 때, X의 표준편차 σ의 값을 아래 표준정규분포표를 이용하여 구한 것은? [3점]

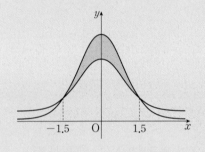

z	$P(0 \leq Z \leq z)$
1.2	0.385
1.5	0.433
2.0	0.477

① 1.20 ② 1.25 ③ 1.50
④ 1.75 ⑤ 2.00

→ **604** 2009년 3월 교육청 가형 27번

그림은 정규분포 $N(40, 10^2)$, $N(50, 5^2)$을 따르는 두 확률변수 X, Y의 정규분포곡선을 나타낸 것이다. 그림과 같이 $40 \leq x \leq 50$인 범위에서 두 곡선과 직선 $x=40$으로 둘러싸인 부분의 넓이를 S_1, 두 곡선과 직선 $x=50$으로 둘러싸인 부분의 넓이를 S_2라 할 때, $S_2 - S_1$의 값을 오른쪽 표준정규분포표를 이용하여 구한 것은? [3점]

z	$P(0 \leq Z \leq z)$
1	0.3413
2	0.4772
3	0.4987

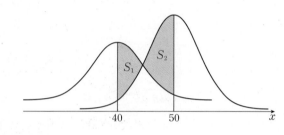

① 0.1248 ② 0.1359 ③ 0.1575
④ 0.1684 ⑤ 0.1839

유형 06 정규분포의 표준화 (4): 두 확률의 비교

605 2023학년도 9월 평가원 25번

어느 인스턴트 커피 제조 회사에서 생산하는 A 제품 1개의 중량은 평균이 9, 표준편차가 0.4인 정규분포를 따르고, B 제품 1개의 중량은 평균이 20, 표준편차가 1인 정규분포를 따른다고 한다. 이 회사에서 생산한 A 제품 중에서 임의로 선택한 1개의 중량이 8.9 이상 9.4 이하일 확률과 B 제품 중에서 임의로 선택한 1개의 중량이 19 이상 k 이하일 확률이 서로 같다. 상수 k의 값은? (단, 중량의 단위는 g이다.) [3점]

① 19.5 ② 19.75 ③ 20
④ 20.25 ⑤ 20.5

→ 606 2013학년도 9월 평가원 나형 27번

A 과수원에서 생산하는 귤의 무게는 평균이 86, 표준편차가 15인 정규분포를 따르고, B 과수원에서 생산하는 귤의 무게는 평균이 88, 표준편차가 10인 정규분포를 따른다고 한다. A 과수원에서 임의로 선택한 귤의 무게가 98 이하일 확률과 B 과수원에서 임의로 선택한 귤의 무게가 a 이하일 확률이 같을 때, a의 값을 구하시오. (단, 귤의 무게의 단위는 g이다.)

[4점]

607 2008학년도 9월 평가원 가/나형 17번

어느 회사에서는 두 종류의 막대 모양 과자 A, B를 생산하고 있다. 과자 A의 길이의 분포는 평균 m, 표준편차 σ_1인 정규분포이고, 과자 B의 길이의 분포는 평균 $m+25$, 표준편차 σ_2인 정규분포이다. 과자 A의 길이가 $m+10$ 이상일 확률과 과자 B의 길이가 $m+10$ 이하일 확률이 같을 때, $\dfrac{\sigma_2}{\sigma_1}$의 값은?

[4점]

① $\dfrac{3}{2}$ ② 2 ③ $\dfrac{5}{2}$

④ 3 ⑤ $\dfrac{7}{2}$

→ 608 2012학년도 9월 평가원 나형 16번

어느 공장에서 생산되는 제품 A의 무게는 정규분포 $N(m, 1)$을 따르고, 제품 B의 무게는 정규분포 $N(2m, 4)$를 따른다. 이 공장에서 생산된 제품 A와 제품 B에서 임의로 제품을 1개씩 선택할 때, 선택된 제품 A의 무게가 k 이상일 확률과 선택된 제품 B의 무게가 k 이하일 확률이 같다. $\dfrac{k}{m}$의 값은? [4점]

① $\dfrac{11}{9}$ ② $\dfrac{5}{4}$ ③ $\dfrac{23}{18}$

④ $\dfrac{47}{36}$ ⑤ $\dfrac{4}{3}$

609 2008년 4월 교육청 가형 13번

정규분포 $N(m, \sigma^2)$을 따르는 확률변수 X에 대하여 확률밀도함수 $f(x)$가 모든 실수 x에 대하여
$f(100-x)=f(100+x)$를 만족한다.
$P(m \le X \le m+8)=0.4772$일 때, 표준정규분포표를 이용하여 $P(94 \le X \le 110)$을 구하면? [4점]

z	$P(0 \le Z \le z)$
1.5	0.4332
2.0	0.4772
2.5	0.4938
3.0	0.4987

① 0.9104   ② 0.9270   ③ 0.9710

④ 0.9725   ⑤ 0.9759

→ **610** 2021학년도 사관학교 가형 16번 / 나형 17번

확률변수 X는 정규분포 $N(m, 4^2)$을 따르고, 확률변수 Y는 정규분포 $N(20, \sigma^2)$을 따른다. 확률변수 X의 확률밀도함수가 $f(x)$일 때, $f(x)$와 두 확률변수 X, Y가 다음 조건을 만족시킨다.

(가) 모든 실수 x에 대하여 $f(x+10)=f(20-x)$이다.

(나) $P(X \ge 17)=P(Y \le 17)$

$P(X \le m+\sigma)$의 값을 오른쪽 표준정규분포표를 이용하여 구한 것은? (단, $\sigma > 0$) [4점]

z	$P(0 \le Z \le z)$
0.5	0.1915
1.0	0.3413
1.5	0.4332
2.0	0.4772

① 0.6915   ② 0.7745

③ 0.9104   ④ 0.9332

⑤ 0.9772

611 2018년 10월 교육청 가형 26번

두 연속확률변수 X와 Y는 각각 정규분포 $N(50, \sigma^2)$, $N(65, 4\sigma^2)$을 따른다.
$$P(X \ge k)=P(Y \le k)=0.1056$$
일 때, $k+\sigma$의 값을 오른쪽 표준정규분포표를 이용하여 구하시오.
(단, $\sigma > 0$) [4점]

z	$P(0 \le Z \le z)$
1.25	0.3944
1.50	0.4332
1.75	0.4599
2.00	0.4772

→ **612** 2021년 7월 교육청 28번

확률변수 X는 정규분포 $N(m, 2^2)$, 확률변수 Y는 정규분포 $N(m, \sigma^2)$을 따른다. 상수 a에 대하여 두 확률변수 X, Y가 다음 조건을 만족시킨다.

(가) $Y=3X-a$

(나) $P(X \le 4)=P(Y \ge a)$

$P(Y \ge 9)$의 값을 오른쪽 표준정규분포표를 이용하여 구한 것은? [4점]

z	$P(0 \le Z \le z)$
0.5	0.1915
1.0	0.3413
1.5	0.4332
2.0	0.4772

① 0.0228   ② 0.0668

③ 0.1587   ④ 0.2417

⑤ 0.3085

613 2013학년도 수능(홀) 가형 13번

확률변수 X가 정규분포 $N(m, \sigma^2)$을 따르고 다음 조건을 만족시킨다.

> (가) $P(X \geq 64) = P(X \leq 56)$
>
> (나) $E(X^2) = 3616$

$P(X \leq 68)$의 값을 오른쪽 표를 이용하여 구한 것은? [3점]

x	$P(m \leq X \leq x)$
$m+1.5\sigma$	0.4332
$m+2\sigma$	0.4772
$m+2.5\sigma$	0.4938

① 0.9104   ② 0.9332

③ 0.9544   ④ 0.9772

⑤ 0.9938

→ 614 2019년 10월 교육청 나형 11번

확률변수 X가 정규분포 $N(5, 2^2)$을 따를 때, 등식

$$P(X \leq 9-2a) = P(X \geq 3a-3)$$

을 만족시키는 상수 a에 대하여 $P(9-2a \leq X \leq 3a-3)$의 값을 오른쪽 표준정규분포표를 이용하여 구한 것은? [3점]

z	$P(0 \leq Z \leq z)$
1.0	0.3413
1.5	0.4332
2.0	0.4772
2.5	0.4938

① 0.7745   ② 0.8664

③ 0.9104   ④ 0.9544

⑤ 0.9876

---

615 2020년 7월 교육청 가형 14번

확률변수 X는 정규분포 $N(m, 2^2)$, 확률변수 Y는 정규분포 $N(2m, \sigma^2)$을 따른다.

$$P(X \leq 8) + P(Y \leq 8) = 1$$

을 만족시키는 m과 σ에 대하여 $P(Y \leq m+4) = 0.3085$일 때, $P(X \leq \sigma)$의 값을 오른쪽 표준정규분포표를 이용하여 구한 것은?

[4점]

z	$P(0 \leq Z \leq z)$
0.5	0.1915
1.0	0.3413
1.5	0.4332
2.0	0.4772

① 0.0228   ② 0.0668   ③ 0.1359

④ 0.1587   ⑤ 0.2857

→ 616 2021학년도 수능(홀) 가형 12번 / 나형 19번

확률변수 X는 평균이 8, 표준편차가 3인 정규분포를 따르고, 확률변수 Y는 평균이 m, 표준편차가 σ인 정규분포를 따른다. 두 확률변수 X, Y가

$$P(4 \leq X \leq 8) + P(Y \geq 8) = \frac{1}{2}$$

을 만족시킬 때, $P\left(Y \leq 8 + \frac{2\sigma}{3}\right)$의 값을 오른쪽 표준정규분포표를 이용하여 구한 것은? [3점]

z	$P(0 \leq Z \leq z)$
1.0	0.3413
1.5	0.4332
2.0	0.4772
2.5	0.4938

① 0.8351   ② 0.8413

③ 0.9332   ④ 0.9772

⑤ 0.9938

617

확률변수 X는 정규분포 $N(10, 5^2)$를 따르고, 확률변수 Y는 정규분포 $N(m, 5^2)$을 따른다. 두 확률변수 X, Y의 확률밀도함수를 각각 $f(x)$, $g(x)$라 할 때, 두 곡선 $y=f(x)$와 $y=g(x)$가 만나는 점의 x좌표를 k라 하자. $P(Y \le 2k)$의 값을 오른쪽 표준정규분포표를 이용하여 구한 것은? (단, $m \ne 10$) [4점]

z	$P(0 \le Z \le z)$
0.5	0.1915
1.0	0.3413
1.5	0.4332
2.0	0.4772

① 0.6915   ② 0.8413   ③ 0.9104

④ 0.9332   ⑤ 0.9772

→ 618

확률변수 X는 정규분포 $N(8, 2^2)$, 확률변수 Y는 정규분포 $N(12, 2^2)$을 따르고, 확률변수 X와 Y의 확률밀도함수는 각각 $f(x)$와 $g(x)$이다. 두 함수 $y=f(x)$, $y=g(x)$의 그래프가 만나는 점의 x좌표를 a라 할 때, $P(8 \le Y \le a)$의 값을 오른쪽 표준정규분포표를 이용하여 구한 것은? [3점]

z	$P(0 \le Z \le z)$
0.5	0.1915
1.0	0.3413
1.5	0.4332
2.0	0.4772

① 0.1359   ② 0.1587   ③ 0.2417

④ 0.2857   ⑤ 0.3085

619

확률변수 X는 평균이 m, 표준편차가 5인 정규분포를 따르고, 확률변수 X의 확률밀도함수 $f(x)$가 다음 조건을 만족시킨다.

(가) $f(10) > f(20)$
(나) $f(4) < f(22)$

z	$P(0 \le Z \le z)$
0.6	0.226
0.8	0.288
1.0	0.341
1.2	0.385
1.4	0.419

m이 자연수일 때, $P(17 \le X \le 18)$의 값을 오른쪽 표준정규분포표를 이용하여 구한 것은? [4점]

① 0.044   ② 0.053   ③ 0.062

④ 0.078   ⑤ 0.097

→ 620

확률변수 X는 평균이 m, 표준편차가 4인 정규분포를 따르고, 확률변수 X의 확률밀도함수 $f(x)$가

$$f(8) > f(14), \ f(2) < f(16)$$

을 만족시킨다. m이 자연수일 때, $P(X \le 6)$의 값을 오른쪽 표준정규분포표를 이용하여 구한 것은? [3점]

z	$P(0 \le Z \le z)$
1.0	0.3413
1.5	0.4332
2.0	0.4772
2.5	0.4938

① 0.0062   ② 0.0228

③ 0.0668   ④ 0.1525

⑤ 0.1587

621 2020학년도 수능(홀) 가형 18번

확률변수 X는 정규분포 $N(10, 2^2)$, 확률변수 Y는 정규분포 $N(m, 2^2)$을 따르고, 확률변수 X와 Y의 확률밀도함수는 각각 $f(x)$와 $g(x)$이다.

$$f(12) \leq g(20)$$

을 만족시키는 m에 대하여 $P(21 \leq Y \leq 24)$의 최댓값을 오른쪽 표준정규분포표를 이용하여 구한 것은? [4점]

z	$P(0 \leq Z \leq z)$
0.5	0.1915
1.0	0.3413
1.5	0.4332
2.0	0.4772

① 0.5328　　② 0.6247　　③ 0.7745
④ 0.8185　　⑤ 0.9104

→ **622** 2019년 7월 교육청 가형 16번

확률변수 X가 평균이 m, 표준편차가 σ인 정규분포를 따를 때, 실수 전체의 집합에서 정의된 함수 $f(t)$는

$$f(t) = P(t \leq X \leq t+2)$$

이다. 함수 $f(t)$는 $t=4$에서 최댓값을 갖고, $f(m)=0.3413$이다. 오른쪽 표준정규분포표를 이용하여 $f(7)$의 값을 구한 것은? [4점]

z	$P(0 \leq Z \leq z)$
1.0	0.3413
1.5	0.4332
2.0	0.4772
2.5	0.4938

① 0.1359　　② 0.0919　　③ 0.0606
④ 0.0440　　⑤ 0.0166

623 2025학년도 수능(홀) 29번

정규분포 $N(m_1, \sigma_1^2)$을 따르는 확률변수 X와 정규분포 $N(m_2, \sigma_2^2)$을 따르는 확률변수 Y가 다음 조건을 만족시킨다.

모든 실수 x에 대하여
$P(X \leq x) = P(X \geq 40 - x)$이고
$P(Y \leq x) = P(X \leq x + 10)$이다.

$P(15 \leq X \leq 20) + P(15 \leq Y \leq 20)$의 값을 오른쪽 표준정규분포표를 이용하여 구한 것이 0.4772일 때, $m_1 + \sigma_2$의 값을 구하시오.

(단, σ_1과 σ_2는 양수이다.) [4점]

z	$P(0 \leq Z \leq z)$
0.5	0.1915
1.0	0.3413
1.5	0.4332
2.0	0.4772

➜ 624 2022년 10월 교육청 28번

정규분포를 따르는 두 확률변수 X, Y의 확률밀도함수를 각각 $f(x)$, $g(x)$라 할 때, 모든 실수 x에 대하여

$$g(x) = f(x + 6)$$

이다. 두 확률변수 X, Y와 상수 k가 다음 조건을 만족시킨다.

(가) $P(X \leq 11) = P(Y \geq 23)$
(나) $P(X \leq k) + P(Y \leq k) = 1$

z	$P(0 \leq Z \leq z)$
0.5	0.1915
1.0	0.3413
1.5	0.4332
2.0	0.4772

오른쪽 표준정규분포표를 이용하여 구한 $P(X \leq k) + P(Y \geq k)$의 값이 0.1336일 때, $E(X) + \sigma(Y)$의 값은? [4점]

① $\dfrac{41}{2}$ ② 21 ③ $\dfrac{43}{2}$

④ 22 ⑤ $\dfrac{45}{2}$

625 2016학년도 9월 평가원 B형 18번

확률변수 X는 정규분포 $N(10, 4^2)$, 확률변수 Y는 정규분포 $N(m, 4^2)$을 따르고, 확률변수 X와 Y의 확률밀도함수는 각각 $f(x)$와 $g(x)$이다.

$$f(12)=g(26), \ P(Y \geq 26) \geq 0.5$$

일 때, $P(Y \leq 20)$의 값을 오른쪽 표준정규분포표를 이용하여 구한 것은? [4점]

z	$P(0 \leq Z \leq z)$
1.0	0.3413
1.5	0.4332
2.0	0.4772
2.5	0.4938

① 0.0062 ② 0.0228

③ 0.0896 ④ 0.1587

⑤ 0.2255

→ 626 2020년 7월 교육청 나형 18번

확률변수 X는 정규분포 $N(m_1, \sigma_1^2)$, 확률변수 Y는 정규분포 $N(m_2, \sigma_2^2)$을 따르고, 확률변수 X, Y의 확률밀도함수는 각각 $f(x)$, $g(x)$이다. $\sigma_1 = \sigma_2$이고 $f(24)=g(28)$일 때, 확률변수 X, Y는 다음 조건을 만족시킨다.

(가) $P(m_1 \leq X \leq 24) + P(28 \leq Y \leq m_2) = 0.9544$
(나) $P(Y \geq 36) = 1 - P(X \leq 24)$

$P(18 \leq X \leq 21)$의 값을 오른쪽 표준정규분포표를 이용하여 구한 것은? [4점]

z	$P(0 \leq Z \leq z)$
0.5	0.1915
1.0	0.3413
1.5	0.4332
2.0	0.4772

① 0.3830 ② 0.5328

③ 0.6247 ④ 0.6826

⑤ 0.7745

627 2007학년도 수능(홀) 가형 28번

어느 문구점에 진열되어 있는 공책 중 10 %는 A회사의 제품이라고 한다. 한 고객이 이 문구점에서 임의로 100권의 공책을 구입했을 때, A회사 제품이 13권 이상 포함될 확률을 오른쪽 표준정규분포표를 이용하여 구한 것은? [3점]

z	$P(0 \leq Z \leq z)$
0.75	0.2734
1.00	0.3413
1.25	0.3944
1.50	0.4332

① 0.0668   ② 0.1056   ③ 0.1587

④ 0.2266   ⑤ 0.2734

→ **628** 2009년 3월 교육청 가형 20번

한 개의 동전을 400번 던질 때, 앞면이 나온 횟수를 확률변수 X라 하자. $P(X \leq k) = 0.9772$를 만족시키는 상수 k의 값을 오른쪽 표준정규분포표를 이용하여 구하시오. [3점]

z	$P(0 \leq Z \leq z)$
1	0.3413
2	0.4772
3	0.4987

629 2009년 10월 교육청 나형 22번

각 면에 1, 2, 3, 4의 숫자가 하나씩 적혀 있는 정사면체 모양의 상자 2개를 동시에 던졌을 때 바닥에 닿은 면에 적혀 있는 두 눈의 수의 곱이 홀수인 사건을 A라 하자. 이 시행을 1200번 하였을 때 사건 A가 일어나는 횟수가 270 이하일 확률을 오른쪽 표준정규분포표를 이용하여 구한 값을 p라 하자. $1000p$의 값을 구하시오. [3점]

z	$P(0 \leq Z \leq z)$
1.0	0.341
1.5	0.433
2.0	0.477
2.5	0.494

→ **630** 2012년 10월 교육청 가형 11번

어느 과수원에서 수확한 사과의 무게는 평균 400 g, 표준편차 50 g인 정규분포를 따른다고 한다. 이 사과 중 무게가 442 g 이상인 것을 1등급 상품으로 정한다. 이 과수원에서 수확한 사과 중 100개를 임의로 선택할 때, 1등급 상품이 24개 이상일 확률을 오른쪽 표준정규분포표를 이용하여 구한 것은? [3점]

z	$P(0 \leq Z \leq z)$
0.64	0.24
0.84	0.30
1.00	0.34
1.28	0.40

① 0.10   ② 0.16   ③ 0.20

④ 0.26   ⑤ 0.34

❯ 정답과 해설 173쪽

631 2025학년도 9월 평가원 29번

수직선의 원점에 점 A가 있다. 한 개의 주사위를 사용하여 다음 시행을 한다.

> 주사위를 한 번 던져 나온 눈의 수가
> 4 이하이면 점 A를 양의 방향으로 1만큼 이동시키고,
> 5 이상이면 점 A를 음의 방향으로 1만큼 이동시킨다.

이 시행을 16200번 반복하여 이동된 점 A의 위치가 5700 이하일 확률을 오른쪽 표준정규분포표를 이용하여 구한 값을 k라 하자. $1000 \times k$의 값을 구하시오. [4점]

z	$P(0 \leq Z \leq z)$
1.0	0.341
1.5	0.433
2.0	0.477
2.5	0.494

→ **632** 2014학년도 사관학교 A형 14번 / B형 11번

수직선 위의 원점에 위치한 점 A가 있다. 주사위 1개를 던질 때 3의 배수의 눈이 나오면 점 A를 양의 방향으로 3만큼 이동하고, 그 이외의 눈이 나오면 점 A를 음의 방향으로 2만큼 이동하는 시행을 한다. 이와 같은 시행을 72회 반복할 때, 점 A의 좌표를 확률변수 X라 하자. 확률 $P(X \geq 11)$의 값을 오른쪽 표준정규분포표를 이용하여 구한 것은? [4점]

z	$P(0 \leq Z \leq z)$
1.00	0.3413
1.25	0.3944
1.50	0.4332
1.75	0.4599
2.00	0.4772

① 0.0228 ② 0.0401 ③ 0.0668

④ 0.1056 ⑤ 0.1587

633 2024년 7월 교육청 29번

두 양수 m, σ에 대하여 확률변수 X는 정규분포 $N(m,\ 1^2)$, 확률변수 Y는 정규분포 $N(m^2+2m+16,\ \sigma^2)$을 따르고, 두 확률변수 X, Y는

$$P(X\leq 0)=P(Y\leq 0)$$

을 만족시킨다. σ의 값이 최소가 되도록 하는 m의 값을 m_1이라 하자. $m=m_1$일 때, 두 확률변수 X, Y에 대하여

$$P(X\geq 1)=P(Y\leq k)$$

를 만족시키는 상수 k의 값을 구하시오. [4점]

634 2022년 7월 교육청 29번

두 연속확률변수 X와 Y가 갖는 값의 범위는 각각 $0\leq X\leq a$, $0\leq Y\leq a$이고, X와 Y의 확률밀도함수를 각각 $f(x)$, $g(x)$라 하자. $0\leq x\leq a$인 모든 실수 x에 대하여 두 함수 $f(x)$, $g(x)$는

$$f(x)=b,\ g(x)=P(0\leq X\leq x)$$

이다. $P(0\leq Y\leq c)=\dfrac{1}{2}$일 때, $(a+b)\times c^2$의 값을 구하시오.

(단, a, b, c는 상수이다.) [4점]

635 2022학년도 수능(홀) 29번

두 연속확률변수 X와 Y가 갖는 값의 범위는 $0 \le X \le 6$, $0 \le Y \le 6$이고 X와 Y의 확률밀도함수는 각각 $f(x)$, $g(x)$이다. 확률변수 X의 확률밀도함수 $f(x)$의 그래프는 그림과 같다.

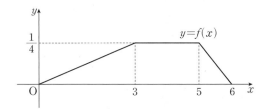

$0 \le x \le 6$인 모든 x에 대하여

$$f(x) + g(x) = k \ (k \text{는 상수})$$

를 만족시킬 때, $\mathrm{P}(6k \le Y \le 15k) = \dfrac{q}{p}$이다. $p+q$의 값을 구하시오. (단, p와 q는 서로소인 자연수이다.) [4점]

636 2023년 7월 교육청 29번

두 연속확률변수 X와 Y가 갖는 값의 범위는 $0 \le X \le 4$, $0 \le Y \le 4$이고, X와 Y의 확률밀도함수는 각각 $f(x)$, $g(x)$이다. 확률변수 X의 확률밀도함수 $f(x)$의 그래프는 그림과 같다.

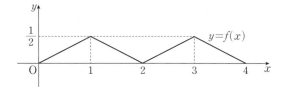

확률변수 Y의 확률밀도함수 $g(x)$는 닫힌구간 $[0, 4]$에서 연속이고 $0 \le x \le 4$인 모든 실수 x에 대하여

$$\{g(x)-f(x)\}\{g(x)-a\}=0 \ (a \text{는 상수})$$

를 만족시킨다. 두 확률변수 X와 Y가 다음 조건을 만족시킨다.

> (가) $\mathrm{P}(0 \le Y \le 1) < \mathrm{P}(0 \le X \le 1)$
>
> (나) $\mathrm{P}(3 \le Y \le 4) < \mathrm{P}(3 \le X \le 4)$

$\mathrm{P}(0 \le Y \le 5a) = p - q\sqrt{2}$일 때, $p \times q$의 값을 구하시오. (단, p, q는 자연수이다.) [4점]

09

통계적 추정

개념 카드

실전 개념 1 모평균과 표본평균

(1) 모집단에서 조사하고자 하는 특성을 나타내는 확률변수를 X라 할 때, X의 평균, 분산, 표준편차를 각각 모평균, 모분산, 모표준편차라 하고, 기호로 각각 m, σ^2, σ와 같이 나타낸다.

(2) 모집단에서 임의추출한 크기가 n인 표본을 X_1, X_2, $\cdots$, X_n이라 할 때, 이들의 표본평균, 표본분산, 표본표준편차를 각각 $\overline{X}$, S^2, S와 같이 나타내고, 다음과 같이 정의한다.

$$\overline{X} = \frac{1}{n}(X_1 + X_2 + \cdots + X_n) \quad \leftarrow \text{표본 } X_1, X_2, \cdots, X_n \text{의 평균}$$

$$S^2 = \frac{1}{n-1}\{(X_1 - \overline{X})^2 + (X_2 - \overline{X})^2 + \cdots + (X_n - \overline{X})^2\},\ S = \sqrt{S^2}$$

실전 개념 2 표본평균의 평균, 분산, 표준편차   ❯ 유형 01 ~ 04

모평균이 m이고 모표준편차가 σ인 모집단에서 임의추출한 크기가 n인 표본의 표본평균 $\overline{X}$에 대하여

$$\mathrm{E}(\overline{X}) = m,\ \mathrm{V}(\overline{X}) = \frac{\sigma^2}{n},\ \sigma(\overline{X}) = \frac{\sigma}{\sqrt{n}}$$

실전 개념 3 표본평균의 분포   ❯ 유형 02 ~ 04

모평균이 m, 모표준편차가 σ인 모집단에서 임의추출한 크기가 n인 표본의 표본평균 $\overline{X}$에 대하여 다음이 성립한다.

(1) 모집단이 정규분포 $\mathrm{N}(m, \sigma^2)$을 따르면 n의 크기에 관계없이 표본평균 $\overline{X}$는 정규분포 $\mathrm{N}\left(m, \dfrac{\sigma^2}{n}\right)$을 따른다.

(2) 모집단이 정규분포를 따르지 않아도 n이 충분히 크면 표본평균 $\overline{X}$는 근사적으로 정규분포 $\mathrm{N}\left(m, \dfrac{\sigma^2}{n}\right)$을 따른다. ┗ 보통 $n \geq 30$이면 충분히 큰 표본으로 간주한다.

실전 개념 4 모평균의 추정   ❯ 유형 05, 06

(1) **추정**: 표본을 조사해 얻은 정보를 이용하여 모평균, 모표준편차와 같이 모집단의 특성을 나타내는 값을 추측하는 것

(2) **모평균에 대한 신뢰구간**: 정규분포 $\mathrm{N}(m, \sigma^2)$을 따르는 모집단에서 임의추출한 크기가 n인 표본의 표본평균 $\overline{X}$의 값이 $\overline{x}$일 때, 신뢰도에 따른 모평균 m에 대한 신뢰구간은 다음과 같다.

① 신뢰도 95 %의 신뢰구간: $\overline{x} - 1.96 \times \dfrac{\sigma}{\sqrt{n}} \leq m \leq \overline{x} + 1.96 \times \dfrac{\sigma}{\sqrt{n}}$

② 신뢰도 99 %의 신뢰구간: $\overline{x} - 2.58 \times \dfrac{\sigma}{\sqrt{n}} \leq m \leq \overline{x} + 2.58 \times \dfrac{\sigma}{\sqrt{n}}$

유형 01 표본평균의 평균, 분산, 표준편차

637 2016학년도 수능(홀) A형 9번

모표준편차가 14인 모집단에서 크기가 n인 표본을 임의추출하여 구한 표본평균을 $\overline{X}$라 하자. $\sigma(\overline{X})=2$일 때, n의 값은? [3점]

① 9   ② 16   ③ 25
④ 36   ⑤ 49

→ **638** 2021학년도 수능(홀) 가형 6번 / 나형 11번

정규분포 $N(20, 5^2)$을 따르는 모집단에서 크기가 16인 표본을 임의추출하여 구한 표본평균을 $\overline{X}$라 할 때, $E(\overline{X})+\sigma(\overline{X})$의 값은? [3점]

① $\dfrac{83}{4}$ ② $\dfrac{85}{4}$ ③ $\dfrac{87}{4}$
④ $\dfrac{89}{4}$ ⑤ $\dfrac{91}{4}$

639 2017년 10월 교육청 가형 5번

어느 모집단의 확률분포를 표로 나타내면 다음과 같다.

X	0	1	2	합계
$P(X=x)$	$\dfrac{1}{3}$	a	b	1

이 모집단에서 크기가 4인 표본을 임의추출하여 구한 표본평균을 $\overline{X}$라 하자. $E(\overline{X})=\dfrac{5}{6}$일 때, $a+2b$의 값은? [3점]

① $\dfrac{1}{6}$ ② $\dfrac{1}{3}$ ③ $\dfrac{1}{2}$
④ $\dfrac{2}{3}$ ⑤ $\dfrac{5}{6}$

→ **640** 2011학년도 9월 평가원 나형 29번

다음은 어느 모집단의 확률분포표이다.

X	-2	0	1	합계
$P(X=x)$	$\dfrac{1}{4}$	a	$\dfrac{1}{2}$	1

이 모집단에서 크기가 16인 표본을 임의추출할 때, 표본평균 $\overline{X}$의 표준편차는? (단, a는 상수이다.) [4점]

① $\dfrac{\sqrt{6}}{8}$ ② $\dfrac{\sqrt{6}}{6}$ ③ $\dfrac{\sqrt{6}}{4}$
④ $\dfrac{\sqrt{6}}{2}$ ⑤ $\sqrt{6}$

641 2019학년도 9월 평가원 가형 13번

어느 모집단의 확률변수 X의 확률분포가 다음 표와 같다.

X	0	2	4	합계
$P(X=x)$	$\frac{1}{6}$	a	b	1

$E(X^2)=\dfrac{16}{3}$일 때, 이 모집단에서 임의추출한 크기가 20인 표본의 표본평균 $\overline{X}$에 대하여 $V(\overline{X})$의 값은? [3점]

① $\dfrac{1}{60}$ ② $\dfrac{1}{30}$ ③ $\dfrac{1}{20}$

④ $\dfrac{1}{15}$ ⑤ $\dfrac{1}{12}$

→ 642 2025학년도 수능(홀) 27번

숫자 1, 3, 5, 7, 9가 각각 하나씩 적혀 있는 5장의 카드가 들어 있는 주머니가 있다. 이 주머니에서 임의로 1장의 카드를 꺼내어 카드에 적혀 있는 수를 확인한 후 다시 넣는 시행을 한다. 이 시행을 3번 반복하여 확인한 세 개의 수의 평균을 $\overline{X}$라 하자. $V(a\overline{X}+6)=24$일 때, 양수 a의 값은? [3점]

① 1 ② 2 ③ 3
④ 4 ⑤ 5

유형 02 표본평균의 확률 (1)

643 2019년 10월 교육청 가형 13번

어느 도시의 시민 한 명이 1년 동안 병원을 이용한 횟수는 평균이 14, 표준편차가 3.2인 정규분포를 따른다고 한다. 이 도시의 시민 중에서 임의추출한 256명의 1년 동안 병원을 이용한 횟수의 표본평균이 13.7 이상이고 14.2 이하일 확률을 오른쪽 표준정규분포표를 이용하여 구한 것은? [3점]

z	$P(0 \le Z \le z)$
1.0	0.3413
1.5	0.4332
2.0	0.4772
2.5	0.4938

① 0.6826 ② 0.7745 ③ 0.8185
④ 0.9104 ⑤ 0.9710

→ 644 2018학년도 수능(홀) 가형 10번 / 나형 15번

어느 공장에서 생산하는 화장품 1개의 내용량은 평균이 201.5 g이고 표준편차가 1.8 g인 정규분포를 따른다고 한다. 이 공장에서 생산한 화장품 중 임의추출한 9개의 화장품 내용량의 표본평균이 200 g 이상일 확률을 오른쪽 표준정규분포표를 이용하여 구한 것은? [3점]

z	$P(0 \le Z \le z)$
1.0	0.3413
1.5	0.4332
2.0	0.4772
2.5	0.4938

① 0.7745 ② 0.8413
③ 0.9332 ④ 0.9772
⑤ 0.9938

645 2016년 10월 교육청 가형 9번 / 나형 11번

어느 항공편 탑승객들의 1인당 수하물 무게는 평균이 15 kg, 표준편차가 4 kg인 정규분포를 따른다고 한다. 이 항공편 탑승객들을 대상으로 16명을 임의추출하여 조사한 1인당 수하물 무게의 평균이 17 kg 이상일 확률을 오른쪽 표준정규분포표를 이용하여 구한 것은? [3점]

z	$P(0 \leq Z \leq z)$
0.5	0.1915
1.0	0.3413
1.5	0.4332
2.0	0.4772

① 0.0228   ② 0.0668

③ 0.1587   ④ 0.3085

⑤ 0.3413

→ **646** 2014학년도 9월 평가원 A형 11번

어느 전화 상담원 A가 지난해 받은 상담 전화의 상담 시간은 평균이 20분, 표준편차가 5분인 정규분포를 따른다고 한다. 전화 상담원 A가 지난해 받은 상담 전화를 대상으로 크기가 16인 표본을 임의추출할 때, 상담 시간의 표본평균이 19분 이상이고 22분 이하일 확률을 오른쪽 표준정규분포표를 이용하여 구한 것은? [3점]

z	$P(0 \leq Z \leq z)$
0.8	0.2881
1.2	0.3849
1.6	0.4452
2.0	0.4772

① 0.6730   ② 0.7333   ③ 0.7653

④ 0.8301   ⑤ 0.9224

647 2011학년도 수능(홀) 나형 27번

어느 도시에서 공용 자전거의 1회 이용 시간은 평균이 60분, 표준편차가 10분인 정규분포를 따른다고 한다. 공용 자전거를 이용한 25회를 임의추출하여 조사할 때, 25회 이용 시간의 총합이 1450분 이상일 확률을 오른쪽 표준정규분포표를 이용하여 구한 것은? [3점]

z	$P(0 \leq Z \leq z)$
1.0	0.3413
1.5	0.4332
2.0	0.4772
2.5	0.4938

① 0.8351   ② 0.8413

③ 0.9332   ④ 0.9772

⑤ 0.9938

→ **648** 2015년 10월 교육청 A형 11번

어느 회사에서 생산된 야구공의 무게는 평균이 144.9 g, 표준편차가 6 g인 정규분포를 따른다고 한다. 이 회사에서 생산된 야구공 중 임의로 선택한 야구공 9개 무게의 표본평균이 141.7 g 이상 148.9 g 이하일 확률을 오른쪽 표준정규분포표를 이용하여 구한 것은? [3점]

z	$P(0 \leq Z \leq z)$
1.6	0.4452
1.7	0.4554
1.8	0.4641
1.9	0.4713
2.0	0.4772

① 0.9165   ② 0.9224

③ 0.9267   ④ 0.9282

⑤ 0.9413

649 2010학년도 9월 평가원 나형 27번

어느 회사에서는 생산되는 제품을 1000개씩 상자에 넣어 판매한다. 이때, 상자에서 임의로 추출한 16개 제품의 무게의 표본평균이 12.7 이상이면 그 상자를 정상 판매하고, 12.7 미만이면 할인 판매한다. A 상자에 들어 있는 제품의 무게는 평균 16, 표준편차 6인 정규분포를 따르고, B 상자에 있는 제품의 무게는 평균 10, 표준편차 6인 정규분포를 따른다고 할 때, A 상자가 할인 판매될 확률이 p, B 상자가 정상 판매될 확률이 q이다. $p+q$의 값을 오른쪽 표준정규분포표를 이용하여 구한 것은? (단, 무게의 단위는 g이다.) [4점]

z	$P(0 \leq Z \leq z)$
1.6	0.4452
1.8	0.4641
2.0	0.4772
2.2	0.4861

① 0.0367　　② 0.0498　　③ 0.0587

④ 0.0687　　⑤ 0.0776

→ **650** 2008년 3월 교육청 가형 29번

어느 공장에서 만드는 제품 A의 무게는 평균 120 g, 표준편차 10 g인 정규분포를 따른다고 한다. 이 공장에서 만드는 제품 A 중에서 임의추출한 1개의 무게가 130 g 이상일 확률을 p_1, 임의추출한 4개의 무게의 평균이 130 g 이상일 확률을 p_2라 할 때, $p_1 - p_2$의 값을 오른쪽 표준정규분포표를 이용하여 구한 것은? [4점]

z	$P(0 \leq Z \leq z)$
0.5	0.1915
1.0	0.3413
1.5	0.4332
2.0	0.4772

① −0.1498　　② −0.1359　　③ 0

④ 0.1359　　⑤ 0.1498

어떤 모집단의 분포가 정규분포 $N(m, 10^2)$을 따르고, 이 정규분포의 확률밀도함수 $f(x)$의 그래프와 구간별 확률은 아래와 같다.

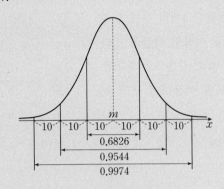

확률밀도함수 $f(x)$는 모든 실수 x에 대하여

$$f(x) = f(100-x)$$

를 만족한다. 이 모집단에서 크기 25인 표본을 임의추출할 때의 표본평균을 $\overline{X}$라 하자. $P(44 \le \overline{X} \le 48)$의 값은? [4점]

① 0.1359   ② 0.1574   ③ 0.1965

④ 0.2350   ⑤ 0.2718

어느 지역 신생아의 출생 시 몸무게 X가 정규분포를 따르고

$$P(X \ge 3.4) = \frac{1}{2}, \quad P(X \le 3.9) + P(Z \le -1) = 1$$

이다. 이 지역 신생아 중에서 임의추출한 25명의 출생 시 몸무게의 표본평균을 $\overline{X}$라 할 때, $P(\overline{X} \ge 3.55)$의 값을 오른쪽 표준정규분포표를 이용하여 구한 것은? (단, 몸무게의 단위는 kg이고, Z는 표준정규분포를 따르는 확률변수이다.) [4점]

z	$P(0 \le Z \le z)$
1.0	0.3413
1.5	0.4332
2.0	0.4772
2.5	0.4938

① 0.0062   ② 0.0228   ③ 0.0668

④ 0.1587   ⑤ 0.3413

유형 03 표본평균의 확률 (2)

653 2017학년도 수능(홀) 가형 13번

정규분포 $N(0, 4^2)$을 따르는 모집단에서 크기가 9인 표본을 임의추출하여 구한 표본평균을 $\overline{X}$, 정규분포 $N(3, 2^2)$을 따르는 모집단에서 크기가 16인 표본을 임의추출하여 구한 표본평균을 $\overline{Y}$라 하자. $P(\overline{X} \geq 1) = P(\overline{Y} \leq a)$를 만족시키는 상수 a의 값은? [3점]

① $\dfrac{19}{8}$　　② $\dfrac{5}{2}$　　③ $\dfrac{21}{8}$

④ $\dfrac{11}{4}$　　⑤ $\dfrac{23}{8}$

→ 654 2025학년도 9월 평가원 26번

정규분포 $N(m, 6^2)$을 따르는 모집단에서 크기가 9인 표본을 임의추출하여 구한 표본평균을 $\overline{X}$, 정규분포 $N(6, 2^2)$을 따르는 모집단에서 크기가 4인 표본을 임의추출하여 구한 표본평균을 $\overline{Y}$라 하자. $P(\overline{X} \leq 12) + P(\overline{Y} \geq 8) = 1$이 되도록 하는 m의 값은? [3점]

① 5　　② $\dfrac{13}{2}$　　③ 8

④ $\dfrac{19}{2}$　　⑤ 11

655 2021학년도 9월 평가원 나형 12번

어느 회사에서 일하는 플랫폼 근로자의 일주일 근무 시간은 평균이 m시간, 표준편차가 5시간인 정규분포를 따른다고 한다. 이 회사에서 일하는 플랫폼 근로자 중에서 임의추출한 36명의 일주일 근무 시간의 표본평균이 38시간 이상일 확률을 오른쪽 표준정규분포표를 이용하여 구한 값이 0.9332일 때, m의 값은? [3점]

z	$P(0 \leq Z \leq z)$
0.5	0.1915
1.0	0.3413
1.5	0.4332
2.0	0.4772

① 38.25　　② 38.75　　③ 39.25

④ 39.75　　⑤ 40.25

→ 656 2014학년도 수능(홀) A형 12번

어느 약품 회사가 생산하는 약품 1병의 용량은 평균이 m, 표준편차가 10인 정규분포를 따른다고 한다. 이 회사가 생산한 약품 중에서 임의로 추출한 25병의 용량의 표본평균이 2000 이상일 확률이 0.9772일 때, m의 값을 오른쪽 표준정규분포표를 이용하여 구한 것은? (단, 용량의 단위는 mL이다.) [3점]

z	$P(0 \leq Z \leq z)$
1.5	0.4332
2.0	0.4772
2.5	0.4938
3.0	0.4987

① 2003　　② 2004　　③ 2005

④ 2006　　⑤ 2007

657 2012학년도 수능(홀) 나형 16번

어느 공장에서 생산되는 제품의 길이 X는 평균이 m이고, 표준편차가 4인 정규분포를 따른다고 한다.

$P(m \leq X \leq a) = 0.3413$일 때, 이 공장에서 생산된 제품 중에서 임의추출한 제품 16개의 길이의 표본평균이 $a-2$ 이상일 확률을 오른쪽 표준정규분포표를 이용하여 구한 것은? (단, a는 상수이고, 길이의 단위는 cm이다.) [4점]

z	$P(0 \leq Z \leq z)$
1.0	0.3413
1.5	0.4332
2.0	0.4772

① 0.0228   ② 0.0668   ③ 0.0919
④ 0.1359   ⑤ 0.1587

→ 658 2020년 10월 교육청 나형 12번

어느 제과 공장에서 생산하는 과자 1상자의 무게는 평균이 104 g, 표준편차가 4 g인 정규분포를 따른다고 한다. 이 공장에서 생산한 과자 중 임의추출한 4상자의 무게의 표본평균이 a g 이상이고 106 g 이하일 확률을 오른쪽 표준정규분포표를 이용하여 구하면 0.5328이다. 상수 a의 값은? [3점]

z	$P(0 \leq Z \leq z)$
0.5	0.1915
1.0	0.3413
1.5	0.4332
2.0	0.4772

① 99   ② 100   ③ 101
④ 102   ⑤ 103

---

659 2014년 10월 교육청 B형 12번

어느 제과점에서 판매되는 찹쌀 도넛의 무게는 평균이 70, 표준편차가 2.5인 정규분포를 따른다고 한다. 이 제과점에서 판매되는 찹쌀 도넛 중 16개를 임의추출하여 조사한 무게의 표본평균을 $\overline{X}$라 하자.

$$P(|\overline{X} - 70| \leq a) = 0.9544$$

를 만족시키는 상수 a의 값을 오른쪽 표준정규분포표를 이용하여 구한 것은?

(단, 무게의 단위는 g이다.) [3점]

z	$P(0 \leq Z \leq z)$
1.0	0.3413
1.5	0.4332
2.0	0.4772
2.5	0.4938

① 1.00   ② 1.25   ③ 1.50
④ 2.00   ⑤ 2.25

→ 660 2011학년도 사관학교 문과/이과 24번

어느 선박 부품 공장에서 만드는 부품의 길이 X는 평균이 100, 표준편차가 0.6인 정규분포를 따른다고 한다. 이 공장에서 만든 부품 중에서 9개를 임의추출한 표본의 길이의 평균을 $\overline{X}$라 할 때, 표본평균 $\overline{X}$와 모평균의 차가 일정한 값 c 이상이면 부품의 제조 과정에 대한 전면적인 조사를 하기로 하였다. 부품의 제조 과정에 대한 전면적인 조사를 하게 될 확률이 5 % 이하가 되도록 상수 c의 값을 정할 때, c의 최솟값은? (단, 단위는 mm이고, 오른쪽 표준정규분포표를 이용한다.) [4점]

z	$P(0 \leq Z \leq z)$
1.65	0.450
1.96	0.475
2.58	0.495

① 0.196   ② 0.258
③ 0.330   ④ 0.392
⑤ 0.475

661 2018학년도 9월 평가원 나형 27번

대중교통을 이용하여 출근하는 어느 지역 직장인의 월 교통비는 평균이 8이고 표준편차가 1.2인 정규분포를 따른다고 한다. 대중교통을 이용하여 출근하는 이 지역 직장인 중 임의추출한 n명의 월 교통비의 표본평균을 $\overline{X}$라 할 때,

$$P(7.76 \le \overline{X} \le 8.24) \ge 0.6826$$

이 되기 위한 n의 최솟값을 오른쪽 표준정규분포표를 이용하여 구하시오. (단, 교통비의 단위는 만원이다.) [4점]

z	$P(0 \le Z \le z)$
0.5	0.1915
1.0	0.3413
1.5	0.4332
2.0	0.4772

→ 662 2024학년도 사관학교 29번

어느 공장에서 생산하는 과자 1개의 무게는 평균이 150 g, 표준편차가 9 g인 정규분포를 따른다고 한다. 이 공장에서 생산하는 과자 중에서 임의로 n개를 택해 하나의 세트 상품을 만들 때, 세트 상품 1개에 속한 n개의 과자의 무게의 평균이 145 g 이하인 경우 그 세트 상품은 불량품으로 처리한다. 이 공장에서 생산하는 세트 상품 중에서 임의로 택한 세트 상품 1개가 불량품일 확률이 0.07 이하가 되도록 하는 자연수 n의 최솟값을 구하시오. (단, Z가 표준정규분포를 따르는 확률변수일 때, $P(0 \le Z \le 1.5) = 0.43$으로 계산한다.) [4점]

정규분포 $N(50, 8^2)$을 따르는 모집단에서 크기가 16인 표본을 임의추출하여 구한 표본평균을 $\overline{X}$, 정규분포 $N(75, \sigma^2)$을 따르는 모집단에서 크기가 25인 표본을 임의추출하여 구한 표본평균을 $\overline{Y}$라 하자. $P(\overline{X} \le 53) + P(\overline{Y} \le 69) = 1$일 때, $P(\overline{Y} \ge 71)$의 값을 오른쪽 표준정규분포표를 이용하여 구한 것은? [4점]

z	$P(0 \le Z \le z)$
1.0	0.3413
1.2	0.3849
1.4	0.4192
1.6	0.4452

① 0.8413 ② 0.8644 ③ 0.8849
④ 0.9192 ⑤ 0.9452

지역 A에 살고 있는 성인들의 1인 하루 물 사용량을 확률변수 X, 지역 B에 살고 있는 성인들의 1인 하루 물 사용량을 확률변수 Y라 하자. 두 확률변수 X, Y는 정규분포를 따르고 다음 조건을 만족시킨다.

> (가) 두 확률변수 X, Y의 평균은 각각 220과 240이다.
> (나) 확률변수 Y의 표준편차는 확률변수 X의 표준편차의 1.5배이다.

지역 A에 살고 있는 성인 중 임의추출한 n명의 1인 하루 물 사용량의 표본평균을 $\overline{X}$, 지역 B에 살고 있는 성인 중 임의추출한 $9n$명의 1인 하루 물 사용량의 표본평균을 $\overline{Y}$라 하자. $P(\overline{X} \le 215) = 0.1587$일 때, $P(\overline{Y} \ge 235)$의 값을 오른쪽 표준정규분포표를 이용하여 구한 것은? (단, 물 사용량의 단위는 L이다.) [3점]

z	$P(0 \le Z \le z)$
0.5	0.1915
1.0	0.3413
1.5	0.4332
2.0	0.4772

① 0.6915 ② 0.7745
③ 0.8185 ④ 0.8413
⑤ 0.9772

665 2015년 10월 교육청 B형 28번

주머니 속에 1의 숫자가 적혀 있는 공 1개, 3의 숫자가 적혀 있는 공 n개가 들어 있다. 이 주머니에서 임의로 1개의 공을 꺼내어 공에 적혀 있는 수를 확인한 후 다시 넣는다. 이와 같은 시행을 2번 반복하여 얻은 두 수의 평균을 $\overline{X}$라 하자. $P(\overline{X}=1)=\dfrac{1}{49}$일 때, $E(\overline{X})=\dfrac{q}{p}$이다. $p+q$의 값을 구하시오. (단, p와 q는 서로소인 자연수이다.) [4점]

→ **666** 2015학년도 수능(홀) B형 18번

주머니 속에 1의 숫자가 적혀 있는 공 1개, 2의 숫자가 적혀 있는 공 2개, 3의 숫자가 적혀 있는 공 5개가 들어 있다. 이 주머니에서 임의로 1개의 공을 꺼내어 공에 적혀 있는 수를 확인한 후 다시 넣는다. 이와 같은 시행을 2번 반복할 때, 꺼낸 공에 적혀 있는 수의 평균을 $\overline{X}$라 하자. $P(\overline{X}=2)$의 값은? [4점]

① $\dfrac{5}{32}$　　　② $\dfrac{11}{64}$　　　③ $\dfrac{3}{16}$

④ $\dfrac{13}{64}$　　　⑤ $\dfrac{7}{32}$

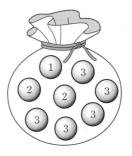

주머니 A에는 숫자 1, 2가 하나씩 적혀 있는 2개의 공이 들어 있고, 주머니 B에는 숫자 3, 4, 5가 하나씩 적혀 있는 3개의 공이 들어 있다. 다음의 시행을 3번 반복하여 확인한 세 개의 수의 평균을 $\overline{X}$라 하자.

두 주머니 A, B 중 임의로 선택한 하나의 주머니에서 임의로 한 개의 공을 꺼내어 공에 적혀 있는 수를 확인한 후 꺼낸 주머니에 다시 넣는다.

$P(\overline{X}=2)=\dfrac{q}{p}$ 일 때, $p+q$의 값을 구하시오.

(단, p와 q는 서로소인 자연수이다.) [4점]

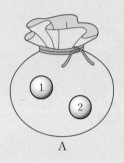
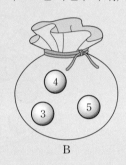

A   B

➔

주머니 A에는 숫자 1, 2, 3이 하나씩 적힌 3개의 공이 들어 있고, 주머니 B에는 숫자 1, 2, 3, 4가 하나씩 적힌 4개의 공이 들어 있다. 두 주머니 A, B와 한 개의 주사위를 사용하여 다음 시행을 한다.

주사위를 한 번 던져
나온 눈의 수가 3의 배수이면
주머니 A에서 임의로 2개의 공을 동시에 꺼내고,
나온 눈의 수가 3의 배수가 아니면
주머니 B에서 임의로 2개의 공을 동시에 꺼낸다.
꺼낸 2개의 공에 적혀 있는 수의 차를 기록한 후,
공을 꺼낸 주머니에 이 2개의 공을 다시 넣는다.

이 시행을 2번 반복하여 기록한 두 개의 수의 평균을 $\overline{X}$라 할 때, $P(\overline{X}=2)$의 값은? [4점]

① $\dfrac{11}{81}$ ② $\dfrac{13}{81}$ ③ $\dfrac{5}{27}$

④ $\dfrac{17}{81}$ ⑤ $\dfrac{19}{81}$

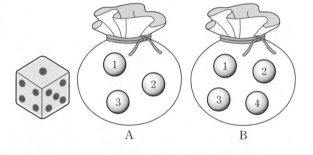

A   B

유형 **05** 모평균의 추정 [1]; 신뢰구간

669 2007학년도 수능(홀) 가/나형 10번

어느 공장에서 생산되는 탁구공을 일정한 높이에서 강철바닥에 떨어뜨렸을 때 탁구공이 튀어 오른 높이는 정규분포를 따른다고 한다. 이 공장에서 생산된 탁구공 중 임의추출한 100개에 대하여 튀어 오른 높이를 측정하였더니 평균이 245, 표준편차가 20이었다. 이 공장에서 생산되는 탁구공 전체의 튀어 오른 높이의 평균에 대한 신뢰도 95 %의 신뢰구간에 속하는 정수의 개수는? (단, 높이의 단위는 mm이고, Z가 표준정규분포를 따를 때, $P(0 \le Z \le 1.96) = 0.4750$이다.) [3점]

① 5　　　　　② 6　　　　　③ 7

④ 8　　　　　⑤ 9

→ 670 2013학년도 수능(홀) 가형 25번

표준편차 σ가 알려진 정규분포를 따르는 모집단에서 크기가 n인 표본을 임의추출하여 얻은 모평균에 대한 신뢰도 95 %의 신뢰구간이 $[100.4,\ 139.6]$이었다. 같은 표본을 이용하여 얻은 모평균에 대한 신뢰도 99 %의 신뢰구간에 속하는 자연수의 개수를 구하시오. (단, Z가 표준정규분포를 따르는 확률변수일 때, $P(0 \le Z \le 1.96) = 0.475$, $P(0 \le Z \le 2.58) = 0.495$로 계산한다.) [3점]

671 2016학년도 9월 평가원 B형 13번

어느 회사 직원들의 하루 여가 활동 시간은 모평균이 m, 모표준편차가 10인 정규분포를 따른다고 한다. 이 회사 직원 중 n명을 임의추출하여 신뢰도 95 %로 추정한 모평균 m에 대한 신뢰구간이 $[38.08,\ 45.92]$일 때, n의 값은? (단, 시간의 단위는 분이고, Z가 표준정규분포를 따르는 확률변수일 때 $P(0 \le Z \le 1.96) = 0.475$로 계산한다.) [3점]

① 25　　　　　② 36　　　　　③ 49

④ 64　　　　　⑤ 81

→ 672 2018학년도 9월 평가원 가형 26번

어느 회사에서 생산하는 초콜릿 한 개의 무게는 평균이 m, 표준편차가 σ인 정규분포를 따른다고 한다. 이 회사에서 생산하는 초콜릿 중에서 임의추출한, 크기가 49인 표본을 조사하였더니 초콜릿 무게의 표본평균의 값이 $\overline{x}$이었다. 이 결과를 이용하여, 이 회사에서 생산하는 초콜릿 한 개의 무게의 평균 m에 대한 신뢰도 95 %의 신뢰구간을 구하면 $1.73 \le m \le 1.87$이다. $\dfrac{\sigma}{\overline{x}} = k$일 때, $180k$의 값을 구하시오. (단, 무게의 단위는 g이고, Z가 표준정규분포를 따르는 확률변수일 때 $P(0 \le Z \le 1.96) = 0.475$로 계산한다.) [4점]

673
2017학년도 수능(홀) 나형 16번

어느 농가에서 생산하는 석류의 무게는 평균이 m, 표준편차가 40인 정규분포를 따른다고 한다. 이 농가에서 생산하는 석류 중에서 임의추출한, 크기가 64인 표본을 조사하였더니 석류 무게의 표본평균의 값이 $\bar{x}$이었다. 이 결과를 이용하여, 이 농가에서 생산하는 석류 무게의 평균 m에 대한 신뢰도 99 %의 신뢰구간을 구하면 $\bar{x}-c \leq m \leq \bar{x}+c$이다. c의 값은?
(단, 무게의 단위는 g이고, Z가 표준정규분포를 따르는 확률변수일 때 $P(0 \leq Z \leq 2.58)=0.495$로 계산한다.) [4점]

① 25.8　　　② 21.5　　　③ 17.2
④ 12.9　　　⑤ 8.6

674
2015학년도 9월 평가원 A형 20번

어느 나라에서 작년에 운행된 택시의 연간 주행거리는 모평균이 m인 정규분포를 따른다고 한다. 이 나라에서 작년에 운행된 택시 중에서 16대를 임의추출하여 구한 연간 주행거리의 표본평균이 $\bar{x}$이고, 이 결과를 이용하여 신뢰도 95 %로 추정한 m에 대한 신뢰구간이 $[\bar{x}-c, \bar{x}+c]$이었다. 이 나라에서 작년에 운행된 택시 중에서 임의로 1대를 선택할 때, 이 택시의 연간 주행거리가 $m+c$ 이하일 확률을 오른쪽 표준정규분포표를 이용하여 구한 것은? (단, 주행거리의 단위는 km이다.) [4점]

z	$P(0 \leq Z \leq z)$
0.49	0.1879
0.98	0.3365
1.47	0.4292
1.96	0.4750

① 0.6242　　　② 0.6635　　　③ 0.6879
④ 0.8365　　　⑤ 0.9292

675
2024학년도 수능(홀) 27번

정규분포 $N(m, 5^2)$을 따르는 모집단에서 크기가 49인 표본을 임의추출하여 얻은 표본평균이 $\bar{x}$일 때, 모평균 m에 대한 신뢰도 95 %의 신뢰구간이 $a \leq m \leq \frac{6}{5}a$이다. $\bar{x}$의 값은?
(단, Z가 표준정규분포를 따르는 확률변수일 때, $P(|Z| \leq 1.96)=0.95$로 계산한다.) [3점]

① 15.2　　　② 15.4　　　③ 15.6
④ 15.8　　　⑤ 16.0

676
2020학년도 사관학교 가형 14번

어느 도시의 직장인들이 하루 동안 도보로 이동한 거리는 평균이 m km, 표준편차가 σ km인 정규분포를 따른다고 한다. 이 도시의 직장인들 중에서 36명을 임의추출하여 조사한 결과 36명이 하루 동안 도보로 이동한 거리의 총합은 216 km이었다. 이 결과를 이용하여, 이 도시의 직장인들이 하루 동안 도보로 이동한 거리의 평균 m에 대한 신뢰도 95 %의 신뢰구간을 구하면 $a \leq m \leq a+0.98$이다. $a+\sigma$의 값은? (단, Z가 표준정규분포를 따르는 확률변수일 때, $P(|Z| \leq 1.96)=0.95$로 계산한다.) [4점]

① 6.96　　　② 7.01　　　③ 7.06
④ 7.11　　　⑤ 7.16

677 2019학년도 수능(홀) 나형 12번

어느 마을에서 수확하는 수박의 무게는 평균이 m kg, 표준편차가 1.4 kg인 정규분포를 따른다고 한다. 이 마을에서 수확한 수박 중에서 49개를 임의추출하여 얻은 표본평균을 이용하여, 이 마을에서 수확하는 수박의 무게의 평균 m에 대한 신뢰도 95 %의 신뢰구간을 구하면 $a \leq m \leq 7.992$이다. a의 값은? (단, Z가 표준정규분포를 따르는 확률변수일 때, $P(|Z| \leq 1.96) = 0.95$로 계산한다.) [3점]

① 7.198   ② 7.208   ③ 7.218

④ 7.228   ⑤ 7.238

➜ 678 2023년 10월 교육청 26번

어느 지역에서 수확하는 양파의 무게는 평균이 m, 표준편차가 16인 정규분포를 따른다고 한다. 이 지역에서 수확한 양파 64개를 임의추출하여 얻은 양파의 무게의 표본평균이 $\bar{x}$일 때, 모평균 m에 대한 신뢰도 95 %의 신뢰구간이 $240.12 \leq m \leq a$이다. $\bar{x} + a$의 값은? (단, 무게의 단위는 g이고, Z가 표준정규분포를 따르는 확률변수일 때, $P(|Z| \leq 1.96) = 0.95$로 계산한다.) [3점]

① 486   ② 489   ③ 492

④ 495   ⑤ 498

679 2012학년도 수능(홀) 가형 9번

어느 회사에서 생산하는 음료수 1병에 들어 있는 칼슘 함유량은 모평균이 m, 모표준편차가 σ인 정규분포를 따른다고 한다. 이 회사에서 생산한 음료수 16병을 임의추출하여 칼슘 함유량을 측정한 결과 표본평균이 12.34이었다. 이 회사에서 생산한 음료수 1병에 들어 있는 칼슘 함유량의 모평균 m에 대한 신뢰도 95 %의 신뢰구간이 $11.36 \leq m \leq a$일 때, $a + \sigma$의 값은? (단, Z가 표준정규분포를 따를 때 $P(0 \leq Z \leq 1.96) = 0.4750$이고, 칼슘 함유량의 단위는 mg이다.) [3점]

① 14.32   ② 14.82   ③ 15.32

④ 15.82   ⑤ 16.32

➜ 680 2021학년도 사관학교 나형 14번

어느 방위산업체에서 생산하는 방독면 1개의 무게는 평균이 m, 표준편차가 50인 정규분포를 따른다고 한다. 이 방위산업체에서 생산하는 방독면 중에서 n개를 임의추출하여 얻은 방독면 무게의 표본평균이 1740이었다. 이 결과를 이용하여 이 방위산업체에서 생산하는 방독면 1개의 무게의 평균 m에 대한 신뢰도 95 %의 신뢰구간을 구하면 $1720.4 \leq m \leq a$이다. $n + a$의 값은? (단, 무게의 단위는 g이고, Z가 표준정규분포를 따르는 확률변수일 때, $P(0 \leq Z \leq 1.96) = 0.475$로 계산한다.) [4점]

① 1772.6   ② 1776.6   ③ 1780.6

④ 1784.6   ⑤ 1788.6

681 2019학년도 수능(홀) 가형 26번

어느 지역 주민들의 하루 여가 활동 시간은 평균이 m분, 표준편차가 σ분인 정규분포를 따른다고 한다. 이 지역 주민 중 16명을 임의추출하여 구한 하루 여가 활동 시간의 표본평균이 75분일 때, 모평균 m에 대한 신뢰도 95 %의 신뢰구간이 $a \le m \le b$이다. 이 지역 주민 중 16명을 다시 임의추출하여 구한 하루 활동 시간의 표본평균이 77분일 때, 모평균 m에 대한 신뢰도 99 %의 신뢰구간이 $c \le m \le d$이다. $d-b=3.86$을 만족시키는 σ의 값을 구하시오. (단, Z가 표준정규분포를 따르는 확률변수일 때, $P(|Z| \le 1.96)=0.95$, $P(|Z| \le 2.58)=0.99$로 계산한다.) [4점]

682 2013학년도 9월 평가원 나형 20번

어느 공장에서 생산하는 제품의 무게는 모평균이 m, 모표준편차가 $\frac{1}{2}$인 정규분포를 따른다고 한다. 이 공장에서 생산한 제품 중에서 25개를 임의추출하여 신뢰도 95 %로 추정한 모평균 m에 대한 신뢰구간이 $[a,\ b]$일 때, $P(|Z| \le c)=0.95$를 만족시키는 c를 a, b로 나타낸 것은?

(단, 확률변수 Z는 표준정규분포를 따른다.) [4점]

① $3(b-a)$ ② $\frac{7}{2}(b-a)$ ③ $4(b-a)$

④ $\frac{9}{2}(b-a)$ ⑤ $5(b-a)$

683 2022학년도 수능(홀) 27번

어느 자동차 회사에서 생산하는 전기 자동차의 1회 충전 주행 거리는 평균이 m이고 표준편차가 σ인 정규분포를 따른다고 한다. 이 자동차 회사에서 생산한 전기 자동차 100대를 임의추출하여 얻은 1회 충전 주행 거리의 표본평균이 $\overline{x_1}$일 때, 모평균 m에 대한 신뢰도 95 %의 신뢰구간이 $a \le m \le b$이다. 이 자동차 회사에서 생산한 전기 자동차 400대를 임의추출하여 얻은 1회 충전 주행 거리의 표본평균이 $\overline{x_2}$일 때, 모평균 m에 대한 신뢰도 99 %의 신뢰구간이 $c \le m \le d$이다.
$\overline{x_1}-\overline{x_2}=1.34$이고 $a=c$일 때, $b-a$의 값은? (단, 주행 거리의 단위는 km이고, Z가 표준정규분포를 따르는 확률변수일 때, $P(|Z| \le 1.96)=0.95$, $P(|Z| \le 2.58)=0.99$로 계산한다.) [3점]

① 5.88   ② 7.84   ③ 9.80
④ 11.76   ⑤ 13.72

684 2019학년도 9월 평가원 가형 17번

어느 고등학교 학생들의 1개월 자율학습실 이용 시간은 평균이 m, 표준편차가 5인 정규분포를 따른다고 한다. 이 고등학교 학생 25명을 임의추출하여 1개월 자율학습실 이용 시간을 조사한 표본평균이 $\overline{x_1}$일 때, 모평균 m에 대한 신뢰도 95 %의 신뢰구간이 $80-a \le m \le 80+a$이었다. 또 이 고등학교 학생 n명을 임의추출하여 1개월 자율학습실 이용 시간을 조사한 표본평균이 $\overline{x_2}$일 때, 모평균 m에 대한 신뢰도 95 %의 신뢰구간이 다음과 같다.

$$\frac{15}{16}\overline{x_1}-\frac{5}{7}a \le m \le \frac{15}{16}\overline{x_1}+\frac{5}{7}a$$

$n+\overline{x_2}$의 값은? (단, 이용 시간의 단위는 시간이고, Z가 표준정규분포를 따르는 확률변수일 때, $P(0 \le Z \le 1.96)=0.475$로 계산한다.) [4점]

① 121   ② 124   ③ 127
④ 130   ⑤ 133

유형 06 모평균의 추정 [2]: 신뢰구간의 길이

685 2025학년도 수능(홀) 25번

정규분포 $N(m, 2^2)$을 따르는 모집단에서 크기가 256인 표본을 임의추출하여 얻은 표본평균을 이용하여 구한 m에 대한 신뢰도 95 %의 신뢰구간이 $a \leq m \leq b$이다. $b-a$의 값은? (단, Z가 표준정규분포를 따르는 확률변수일 때, $P(|Z| \leq 1.96) = 0.95$로 계산한다.) [3점]

① 0.49   ② 0.52   ③ 0.55

④ 0.58   ⑤ 0.61

→ 686 2020학년도 9월 평가원 나형 25번

어느 음식점을 방문한 고객의 주문 대기 시간은 평균이 m분, 표준편차가 σ분인 정규분포를 따른다고 한다. 이 음식점을 방문한 고객 중 64명을 임의추출하여 얻은 표본평균을 이용하여, 이 음식점을 방문한 고객의 주문 대기 시간의 평균 m에 대한 신뢰도 95 %의 신뢰구간을 구하면 $a \leq m \leq b$이다. $b-a = 4.9$일 때, σ의 값을 구하시오. (단, Z가 표준정규분포를 따르는 확률변수일 때, $P(|Z| \leq 1.96) = 0.95$로 계산한다.) [3점]

687 2023학년도 수능(홀) 27번

어느 회사에서 생산하는 샴푸 1개의 용량은 정규분포 $N(m, \sigma^2)$을 따른다고 한다. 이 회사에서 생산하는 샴푸 중에서 16개를 임의추출하여 얻은 표본평균을 이용하여 구한 m에 대한 신뢰도 95 %의 신뢰구간이 $746.1 \leq m \leq 755.9$이다. 이 회사에서 생산하는 샴푸 중에서 n개를 임의추출하여 얻은 표본평균을 이용하여 구하는 m에 대한 신뢰도 99 %의 신뢰구간이 $a \leq m \leq b$일 때, $b-a$의 값이 6 이하가 되기 위한 자연수 n의 최솟값은? (단, 용량의 단위는 mL이고, Z가 표준정규분포를 따르는 확률변수일 때, $P(|Z| \leq 1.96) = 0.95$, $P(|Z| \leq 2.58) = 0.99$로 계산한다.) [3점]

① 70   ② 74   ③ 78

④ 82   ⑤ 86

→ 688 2010년 4월 교육청 가형 13번

분산이 σ^2인 정규분포를 따르는 모집단에서 크기 n인 표본을 임의추출하여 모평균 m을 추정한 후 신뢰구간의 길이를 구하고자 한다. 아래 표준정규분포표를 이용하여 구한 모평균 m에 대한 신뢰도 79.6 %의 신뢰구간의 길이가 l이고, 모평균 m에 대한 신뢰도 a %의 신뢰구간의 길이는 $2l$이다. 이때, a의 값은? [4점]

z	$P(0 \leq Z \leq z)$
1.27	0.3980
1.69	0.4545
1.96	0.4750
2.54	0.4945
3.29	0.4995

① 87.3   ② 90.9   ③ 95.0

④ 98.9   ⑤ 99.9

689 2021년 10월 교육청 30번

주머니에 12개의 공이 들어 있다. 이 공들 각각에는 숫자 1, 2, 3, 4 중 하나씩이 적혀 있다. 이 주머니에서 임의로 한 개의 공을 꺼내어 공에 적혀 있는 수를 확인한 후 다시 넣는 시행을 한다. 이 시행을 4번 반복하여 확인한 4개의 수의 합을 확률변수 X라 할 때, 확률변수 X는 다음 조건을 만족시킨다.

(가) $\mathrm{P}(X=4)=16 \times \mathrm{P}(X=16)=\dfrac{1}{81}$

(나) $\mathrm{E}(X)=9$

$\mathrm{V}(X)=\dfrac{q}{p}$일 때, $p+q$의 값을 구하시오.

(단, p와 q는 서로소인 자연수이다.) [4점]

690 2023학년도 9월 평가원 29번

1부터 6까지의 자연수가 하나씩 적힌 6장의 카드가 들어 있는 주머니가 있다. 이 주머니에서 임의로 한 장의 카드를 꺼내어 카드에 적힌 수를 확인한 후 다시 넣는 시행을 한다. 이 시행을 4번 반복하여 확인한 네 개의 수의 평균을 $\overline{X}$라 할 때, $\mathrm{P}\left(\overline{X}=\dfrac{11}{4}\right)=\dfrac{q}{p}$이다. $p+q$의 값을 구하시오.

(단, p와 q는 서로소인 자연수이다.) [4점]

빠른 독해를 위한
바른 선택

빠바 시리즈
400
만부 돌파!

구문독해

교재구성
**미리
보기**

시리즈 구성

기초세우기

구문독해

유형독해

수능실전

1 최신 수능 경향 반영

최신 수능 경향에 맞춘 독해 지문 교체와
수능 기출 문장 중심으로 구성 된 구문 훈련

2 실전 대비 기능 강화

실제 사용에 기반한 사례별 구문 학습과 최신 수능 경향을 반영한
수능 독해 Mini Test로 수능 유형 훈련

3 서술형 주관식 문제

내신 및 수능 출제 경향에 맞춘 서술형 및 주관식 문제 재정비

수능기출

75

펴 낸 날	2025년 1월 5일 (초판 1쇄)
펴 낸 이	주민홍
펴 낸 곳	(주)NE능률

지 은 이	백인대장 수학연구소
개 발 책 임	차은실
개 발	김은빛, 김화은, 정푸름
디자인책임	오영숙
디 자 인	안훈정, 기지영, 오솔길
제 작 책 임	한성일

등 록 번 호	제1-68호
I S B N	979-11-253-4952-5

대 표 전 화	02 2014 7114
홈 페 이 지	www.neungyule.com
주 소	서울시 마포구 월드컵북로 396(상암동) 누리꿈스퀘어 비즈니스타워 10층